国家重点学科"东北大学科学技术哲学研究中心"
教育部"科技与社会（STS）"哲学社会科学创新基地
辽宁省普通高等学校人文社会科学重点研究基地
东北大学科技与社会（STS）研究中心
东北大学"陈昌曙技术哲学发展基金"
出版资助

中国技术哲学与STS论丛（第三辑）

Chinese Philosophy of Technology and STS Research Series

丛书主编：陈凡　朱春艳

欧美STS比较及其中国化研究

陈 佳　陈 凡◎著

中国社会科学出版社

图书在版编目(CIP)数据

欧美 STS 比较及其中国化研究 / 陈佳,陈凡著 . 一北京:
中国社会科学出版社,2020.9

(中国技术哲学与 STS 论丛 / 陈凡,朱春艳主编)

ISBN 978-7-5203-4798-3

Ⅰ.①欧⋯ Ⅱ.①陈⋯②陈⋯ Ⅲ.①科学技术—关系—
社会发展—对比研究—西方国家、中国 Ⅳ.①G321②G322

中国版本图书馆 CIP 数据核字(2019)第 165994 号

出 版 人	赵剑英	
责任编辑	冯春凤	
责任校对	张爱华	
责任印制	张雪娇	

出 版	中国社会科学出版社	
社 址	北京鼓楼西大街甲 158 号	
邮 编	100720	
网 址	http://www.csspw.cn	
发 行 部	010 - 84083685	
门 市 部	010 - 84029450	
经 销	新华书店及其他书店	

印 刷	北京君升印刷有限公司	
装 订	廊坊市广阳区广增装订厂	
版 次	2020 年 9 月第 1 版	
印 次	2020 年 9 月第 1 次印刷	

开 本	710×1000 1/16	
印 张	16.75	
插 页	2	
字 数	232 千字	
定 价	98.00 元	

凡购买中国社会科学出版社图书,如有质量问题请与本社营销中心联系调换
电话:010 - 84083683

总　序

　　哲学是人类的最高智慧，它历经沧桑岁月却依然万古常新，永葆其生命与价值。在当下，哲学更具有无可取代的地位。

　　技术是人利用自然最古老的方式，技术改变了自然的存在状态。当技术这种作用方式引起人与自然关系的嬗变程度，达到人们不能立即做出全面、正确的反应时，对技术的哲学思考就纳入了学术研究的领域。特别是一些新兴的技术新领域，如生态技术、信息技术、人工智能、多媒体、医疗技术、基因工程等出现，技术的本质、技术作用自然的深刻性，都是传统技术所没有揭示的，技术带来的社会问题和伦理冲突，只有通过哲学的思考，才能让人类明白至善、至真、至美的理想如何统一。

　　现代西方技术哲学的历史可以追溯到 100 多年以前的欧洲大陆（主要是德国和法国）。德国人 E. 卡普（Ernst Kapp）的《技术哲学纲要》（1877）和法国人 A. 埃斯比纳斯（Alfred Espinas）的《技术起源》（1897）是现代西方技术哲学生成的标志。国外的技术哲学研究经过 100 多年的发展，如今正在由单一性向多元性方法论逐渐转变；正在寻求与传统哲学的结合，重新建构技术哲学动力的根基；正在进行工程主义与人文主义的整合，将工程传统中的专业性与技术的文化形式或文化惯例的考察相结合；正在着重于技术伦理、技术价值的研究，出现了一种应用于实践的倾向——即技术哲学的经验转向。

　　与技术哲学相关的另一个较为实证的研究领域就是科学技术与

社会（Science Technology and Society）。随着技术科学化之后，技术给人类社会带来了根本性变化，以信息技术和生命科学等为先导的 20 世纪科技革命的迅猛发展，深刻地改变了人类的生产方式、管理方式、生活方式和思维方式。科学技术对社会的积极作用迅速显现。与此同时，科学技术对社会的负面影响也空前突出。鉴于科学对社会的影响价值也需要正确地加以评估，社会对科学技术的影响也成为认识科学技术的重要方面，促使 STS 这门研究科学、技术与社会相互关系的规律及其应用，并涉及多学科、多领域的综合性新兴学科逐渐蓬勃发展起来。

早在 20 世纪 60 年代，美国就兴起了以科学技术与社会（STS）之间的关系为对象的交叉学科研究运动。这一运动包括各种各样的研究方案和研究计划。20 世纪 80 年代末，在其他国家，特别是加拿大、英国、荷兰、德国和日本，这项研究运动也都以各种形式积极地开展着，获得了广泛的社会认可。90 年代以后，它又获得了蓬勃发展。目前 STS 研究的全球化，出现了多元化与整合化并存的特征。欧洲学者强调 STS 理论研究和欧洲特色（爱丁堡学派的技术的社会形成理论，欧洲科学技术研究协会）；美国 STS 的理论导向（学科派，高教会派）和实践导向（交叉学科派，低教会派）各自发展，侧重点不断变化；日本强调吸收世界各国的 STS 成果以及 STS 研究浓厚的技术色彩（日本 STS 网络，日本 STS 学会）；STS 研究的全球化和多元化，必然伴随着对 STS 的系统整合，在关注对科学技术与生态环境和人类可持续发展的关系的研究；关注技术，特别是高技术与经济社会的关系；关注对科学技术与人文（如价值观念、伦理道德、审美情感、心理活动、语言符号等）之间关系的研究都与技术哲学的研究热点不谋而合。

中国的技术哲学和 STS 研究虽然起步都较晚，但随着中国科学技术的快速发展，在经济上迅速崛起，学术氛围的宽容，不仅大量的实践问题涌现，促进了技术哲学和 STS 研究，也由于国力的增强，技术哲学和 STS 研究也得到了国家和社会各界的越来越多的支持。

东北大学科学技术哲学研究中心的前身是技术与社会研究所。早在 20 世纪 80 年代初，在陈昌曙教授和远德玉教授的倡导下，东北大学就将技术哲学和 STS 研究作为重要的研究方向。经过二十多年的积累，形成了东北学派的研究特色。2004 年成为教育部"985 工程"科技与社会（STS）哲学社会科学创新基地，2007 年被批准为国家重点学科。东北大学的技术哲学和 STS 研究主要是以理论研究的突破创新体现水平，以应用研究的扎实有效体现特色。

《中国技术哲学与 STS 研究论丛》（以下简称《论丛》）是东北大学科学技术哲学研究中心和"科技与社会（STS）"哲学社会科学创新基地以及国内一些专家学者的最新研究专著的汇集，涉及科技哲学和 STS 等多学科领域，其宗旨和目的在于探求科学技术与社会之间的相互影响和相互作用的机制和规律，进一步繁荣中国的哲学社会科学。《论丛》由国内和校内资深的教授、学者共同参与，奉献长期研究所得，计划每期出版五本，以书会友，分享思想。

《论丛》的出版必将促进我国技术哲学和 STS 学术研究的繁荣。出版技术哲学和 STS 研究论丛，就是要汇聚国内外的有关思想理论观点，造成百花齐放、百家争鸣的学术氛围，扩大社会影响，提高国内的技术哲学和 STS 研究水平。总之，《论丛》将有力地促进中国技术哲学与 STS 研究的进一步深入发展。

《论丛》的出版必将为国内外技术哲学和 STS 学者提供一个交流平台。《论丛》在国内广泛地征集技术哲学和 STS 研究的最新成果，为感兴趣的国内外各界人士提供一个广泛的论坛平台，加强相互间的交流与合作，共同推进技术哲学和 STS 的理论研究与实践。

《论丛》的出版还必将对我国科教兴国战略、可持续发展战略和创新型国家建设战略的实施起着强有力的推动作用。能否正确地认识和处理科学、技术与社会及其之间的关系，是科教兴国战略、可持续发展战略和创新型国家建设战略能否顺利实施的关键所在。

技术哲学和 STS 研究涉及科学、技术与公共政策，环境、生态、能源、人口等全球问题和 STS 教育等各方面问题的哲学思考与实践反思。《论丛》的出版，使学术成果能迅速扩散，必然会推动科教兴国战略、可持续发展战略和创新型国家建设战略的实施。

中国是历史悠久的文明古国，无论是人类科技发展史还是哲学史，都有中国人写上的浓重一笔。现在有人称，"如果目前中国还不能输出她的价值观，中国还不是一个大国。"学术研究，特别是哲学研究，是形成价值观的重要部分，愿当代的中国学术才俊能在此起步，通过点点滴滴的扎实努力，为中国能在世界思想史上再书写辉煌篇章而作出贡献。

最后，感谢《论丛》作者的辛勤工作和编委会的积极支持，感谢中国社会科学出版社为《论丛》的出版所作的努力和奉献。

陈　凡　罗玲玲
2008 年 5 月于沈阳南湖

General Preface

Philosophy is the greatest wisdom of human beings, which always keeps its spirit young and keeps green forever although it has experienced great changes that time has brought to it. At present, philosophy is still taking the indispensable position.

Technology represents the oldest way of humans making use of the nature and has changed the existing status of the nature. When the functioning method of technology has induced transmutation of the relationship between humans and the nature to the extent that humans can not make overall and correct response, philosophical reflection on technology will then fall into academic research field. Like the appearance of new technological fields, especially that of ecotechnology, information technology, artificial intelligence, multimedia, medical technology and genetic engineering and so on, the nature of technology and the profoundness of technology acting on the nature are what have not been revealed by traditional technology. The social problems and ethical conflicts that technology has brought about have not been able to make human beings understand how the ideals of becoming the true, the good and the beautiful are united without depending on philosophical pondering.

Modern western technological philosophy history can date back to over 100 years ago European continent (mainly Germany and France). German Ernst Kapp's Essentials of Technological Philosophy (1877) and French Alfred Espinas' The Origin of Technology (1897) represent the emergence of modern western technological philosophy. After one hundred year's development, overseas research on technological philosophy is now transforming from uni – methodology to multi – methodology; is now seeking for merger with traditional philosophy to reconstruct the foundation of technological philosophy impetus; is now conducting the integration of engineering into humanity to join traditional specialty of engineering with cultural forms or routines of technology; is now focusing on research on technological ethnics and technological values, resulting in an application trend——that is, empiric – direction change of technological philosophy.

Another authentic proof – based research field that is relevant to technological philosophy is science technology and society. With technology becoming scientific, it has brought about fundamental changes to human society, and the rapid development of science technology in the 20th century has deeply changed the modes of production, measures of administration, lifestyles and thinking patterns, with information technology and life technology and so on in the lead. The positive impacts of science technology on the society reveal themselves rapidly. Meanwhile, the negative impacts of it are unprecedented pushy. As the effects of science on the society need evaluating in the correct way, and the effects of the society on science technology has also become an important aspect in understanding science technology, the research science of STS, the laws and application of the relationship between technology and the society, some newly developed disciplines concerning multi – disciplines and multi – fields are flourishing.

As early as 1960s, a cross – disciplinary research campaign targeting at the relationship between science technology and the society (STS) was launched in the United States. This campaign involved a variety of research schemes and research plans. In the late 1980s, in other countries especially such as Canada, the UK, the Netherlands, Germany and Japan, this research campaign was actively on in one form or another, and approved across the society. After 1990s, it further flourished. At present, the globalization of STS research has becoming typical of the co – existence of multiplicity and integration. The European scholars stress theoretical STS research with European characteristics (i. e. Edingburg version of thought, namely technology – being – formed – by – the – society theory, Science Technology Research Association of Europe); STS research guidelines of the United States (version of disciplines and version of Higher Education Association) and practice guidelines (cross – discipline version and version of Lower Education Association.) have developed respectively and their focuses are continuously variable. Japan focuses on taking in STS achievements of countries world – wide as well as clear technological characteristic of STS research (Japanese STS network and Japanese STS Association); the globalization and the multiplicity of STS research are bound to be accompanied by the integration of STS system and by the concern of research on the relationship between science technology, ecological environment and human sustainable development; attention is paid to the relationship between the highly – developed technology and the economic society; the concern of research on the relationship between science technology and humanity (such as the values, ethnic virtues, aesthetic feelings, psychological behaviors and language signs, etc.) happens to coincide with the research focus of technological philosophy.

Chinese technological philosophy research and STS research have risen rapidly to economic prominence with the fast development of Chinese science technology; the tolerance of academic atmosphere has prompted the high emergence of practical issues and meanwhile the development of technological philosophy research and STS research; more and more support of technological philosophy research and STS research is coming from the nation as well as all walks of life in the society with the national power strengthened.

The predecessor of Science Technological Philosophy Study Center of Northeastern University is Technological and Social Study Institute of the university. Northeastern University taking technological philosophy research and STS research as an important research direction dates back to the advocacy of Professor Chen Chang – shu and Professor Yuan De – yu in 1980s. The research characteristics of Northeastern version has been formed after over 20 years' research work. The center has become an innovation base for social science in STS Field of "985 Engineering" sponsored by the Ministry of Education in 2004 and approved as a key discipline of our country in 2007. Technological philosophy research and STS research of Northeastern University show their high levels mainly through the breakthrough in theoretical research and show their specialty chiefly through the down – to – earth work and high efficiency in application.

Chinese Technological Philosophy Research and STS Research Series (abbreviated to the Series) collects recent research works by some experts across the country as well as from our innovation base and the Research Center concerning multi – disciplines in science technology and STS fields, on purpose to explore the mechanism and laws of the inter – influence and inter – action of science technology on the society, to further flourish Chinese philosophical social science. The Series is the co – work of some expert professors and scholars domestic and abroad whose long – termed devotion promotes the completeness of the manuscript. It has been planned that five volumes are published for each edition, in order to make friends and share ideas with the readers.

The publication of the Series is certain to flourish researches on technological philosophy and STS in our country. It is just to collect relevant theoretical opinions at home and abroad, to develop an academic atmosphere to? let a hundred flowers bloom and new things emerge from the old, to expand its influence in the society, and to increase technological philosophy research and STS levels. In all, the collections will strongly push Chinese technological philosophy research and STS research to develop further.

The publication of the Series is certain to provide technological philosophy and STS researchers at home and abroad with a communicating platform. It widely collects the recent domestic and foreign achievements of technological philosophy research and STS research, serving as a wide forum platform for the people in all walks of life nationwide and worldwide who are interested in the topics, strengthening mutual exchanges and cooperation, pushing forward the theoretical research on technological philosophy and STS together with their application.

The publication of the Series is certain to play a strong pushing role in implementing science – and – education – rejuvenating – China strategies, sustainable – development strategies and building – innovative – country strategies. Whether the relationships between Science, technology and the society can be correctly understood and dealt with is the key as to whether those strategies can be smoothly carried out. Technological philosophy and STS concern philosophical considerations and practical reflections of various issues such as science, technology and public policies, some global issues such as environment, ecology, energy and population, and STS education. The publication of the Series can spread academic accomplishments very quickly so as to push forward the implementation of the strategies mentioned above.

China is an ancient country with a long history, and Chinese people have written a heavy stroke on both human science technology development history and on philosophy history. "If China hasn' t put out its values so far, it cannot be referred to as a huge power", somebody comments now. Academic research, in particular philosophical research, is an important part of something that forms values. It is hoped that Chinese academic genius starts off with this to contribute to another brilliant page in the world's ideology history.

Finally, our heart – felt thanks are given to authors of the Series for their handwork, to the editing committee for their active support, and to Chinese Social Science Publishing House for their efforts and devotion to the publication of the Series.

Chen Fan and Luo Ling – ling

on the South Lake of Shenyang City in May, 2008

目　录

第一章 绪 论

第一节 问题提出与选题意义

一 问题提出

从 20 世纪初，特别是 20 世纪中叶以来，科学技术日益暴露出它对社会的负面影响。这种负面影响尖锐地反映了现代西方社会工业文明的危机，以及人和自然、社会和精神的深层矛盾，因而科学技术与社会的相互关系成了与人类命运和社会发展息息相关的重大问题，也成了人文主义思想家和学者普遍关注的话题。在这样的时代背景下，作为一门综合性的新兴交叉学科的"科学技术与社会"（STS）诞生于 20 世纪 60 年代的美国。它以科学技术与社会之间的相互关系为研究对象，把科学、技术放到人和自然与人和人的社会相统一的"巨系统"中去思考。STS 是科学技术发展的新阶段，是人类对自己的生存条件进行深刻反思的产物。它代表了一种新的价值观和思维模式，并且适应了当代世界经济社会发展的需要，因而引起了国内外学术界和社会的强烈关注。纵观 STS 研究 50 多年的历史来看，STS 思想从最初的幼稚与激进已经逐步走向了成熟，STS 显示了其丰富多彩的理论图景和强大的生命力。

但随着 STS 研究的深入，我们却逐渐陷入由于 STS 的理论多样性与思想的多元性带来的困境中。由于 STS 还不是一个范式明确的科学，还处于从其他学科分化的阶段，其研究方法不可避免地受到相近学科的影响，尤其是受到科学社会学、科学哲学的影响。由于这些学科内的基本理论与研究框架也是多元的，导致关于 STS 研究和学科发展的争论纷繁复杂，科学哲学、技术哲学、科学史、技术史、科学社会学、技术社会学、科技政策研究等学科都依各自的角度对 STS 进行了卓有成效的研究，但它们都试图将 STS 纳入到自己的学科研究领域内，引发了 STS 学科归属的纷争和 STS 理论研究的混乱。也正是因为如此，目前 STS 研究所面临的最大的困境是学科定位问题、划界问题、论题域的确定问题，等。

从目前关于 STS 研究的各种争论来看，实际上无不指向了 STS 研究中的两种传统以及这两种传统的分立所带来的纷争。作为英文缩写的 STS，迄今为止在欧洲与美国学者之间存在着内涵上的区别，一种是把 STS 看作是"Science，Technology and Society"的缩写；另一种把 STS 看作是"Science and Technology Studies"。而且在中西方学术界及其各自内部都存在着理解和解释上的差异。按照伦纳德·威克斯（Leonard Waks）对两种 STS 的争论解释，在 STS 研究中包括两种文化，一种是活动家的；另一种是学者的。STS 活动家所关注的是下列这样的科学技术的社会、文化和政治影响，例如：环境退化，文化多样性和乡土知识的消失，以及权力的集中化和个人自主的丧失等，而其原因是诸如战争机器和核电站这样的巨大效用。他们看到了社会拼命追求科学技术的后果；科学驱动出另一种思想，而技术驱动出其他生活方式。这实际上是从科学技术对社会产生的影响尤其是负面影响的人文主义反思的角度来理解 STS，也即大部分美国学者所理解的 STS（Science，Technology and Society）。而 STS 学院派则集中关注科学技术知识本身成问题的性质，并且断定这些是人类的话语（Discourse），它们像其他东西一样，都是由文化价值、集团谈判以及意见一致过程和"可以避免的"选择形成的。他们断言，对于科学技术成果来说，没有任何特殊的东西，它们都是社会过程的产物。这实际上是对科学技术社会生成的解释学研究，也即大部分欧洲学者所理解的 STS（Science and Technology Studies）①。它们之间缺乏有效的沟通。结果，它们各自对对方有错误的看法。

　　笔者曾在美国做访问学者期间也感受到了这两种传统的分立程度。在一次跟卡尔·米切姆（Carl Mitcham）教授就 2008 年 4S 会议上史蒂夫·伍尔伽（Steve Woolgar）提出的"STS 本体论转向"话题进行讨论时，米切姆教授认为这种欧洲学院式的 STS 研究是"滥用修辞，将 STS 研究神秘化"。虽然目前从 4S 会议参加的人数来看，美国学者超过了欧洲学者占了大多数，但主流话语权却还掌握在欧洲学者那里，米切姆称"欧洲 STS 学者不关注规范性（Normative），而关注描述性（Narrative）"。另一方面，受米切姆教授的指导，笔者向在挪威的学术期刊《Science Studies》发表书评"Technology and Society：Building Our Sociotechnical Future"一文时，其中用大量的篇幅描述了美国实用主义对 STS 产生的影响，在跟编辑简·莱恩凯瑞（Janne Lehenkari）的通稿过程中，她认为"关于美国实用主义跟 STS 的关联是无意义的"，并提出除非将论述美国实用主义的部分几乎全部删掉才同意发稿。由此可见，两种对 STS 不同传统的理解已经达到比较严重的分立甚至是对立程度。STS 两个传统的对立在国内学界也有折射。一种是以社科院殷登祥教授、哈尔滨师范大学孙慕天教授等为代表，他们将 STS 视为"Science，Technology and Society"，并将 STS 译作"科学、技术与社会"；另一种是以清华大学曾国屏教授、河海大学丁长青教授等为代表，他们将 STS 视为"Science and Technology Studies"，并将这种 STS 译作"科学技术学"②。这种分立导致了 STS 在国内的发

---

　　① Leonard Waks，"STS as an Academic Field and a Social Movement"，*Science Technology and Society*，No. 3，1994，pp. 44 – 53.

　　② 关于"Science and Technology Studies"的译法，国内有过不少争论。代表观点有几个：以曾国屏为代表的"科学技术学"译法；以郭贵春为代表的"科学与技术的人文社会学研究"的译法；以盛晓明为代表的"科学技术论"的译法。本书采用"科学技术学"的翻译方法。

展方向的不同，即作为一个学科还是作为一个学术领域的不同争论。

但到底STS的这两个传统指的是什么？目前国际学术界对此说法不一，卡特克里夫等学者将之总结为STS两种文化的区分；史蒂夫·富勒将之区分为高教会与低教会的区别，这些分别是从亚文化传统和派系隐喻上对STS两种传统的总结，那么，以欧洲和美国两个地域名词总结这两个传统是否合适？这两个传统的划分标准是什么？两个传统的思想来源、代表学派、主要思想以及理论特色是什么？是否存在第三种传统？从目前国际学术研究动态来看，东亚各国、澳大利亚、新西兰、加拿大等国，还有南美、非洲等地区的STS研究无一不受这两种传统的影响，并且兼顾了STS研究的地方性。既然这种分立造成诸多争议，那么两种传统能否走向融合，其走向融合的条件是什么？目前国内国际学界对这两个传统的融合都做了哪些探索和尝试？研究这两个传统对于我国STS究竟有什么样的启示？我国STS研究应当如何发展，等等，这些都将成为本书的讨论内容。

通过现有掌握资料来看，国际上一直存在关于STS两种传统的研究，学者们对二者之间的对立也有足够的认识和清醒的定位，对于二者如何走向融合也给予了一定的重视，其中比较有代表性的观点的是瑟乔·西斯蒙多（Sergio Sismondo）提出的介入纲领（Engage Program），史蒂夫·福勒（Steve Fuller）的社会认识论纲领（Social Epistemology），卡尔·米切姆（Carl Mitcham）的科技社会研究框架（Science，Technology and Society Studies）等都是对STS两种传统走向的有益探索与尝试。日本学者中岛秀人（Hideto Nakajima）较早的注意到了欧洲传统和美国传统的STS对东亚STS研究的影响，国内学者吴永忠也对STS的两种传统的比较进行了探索性研究。但就宏观来看，相关研究的力度还是不够的。对二者的比较研究也不够细致、全面。系统阐述两个传统的基本范式，进行全面比较并指出中国STS的走向，是本书的出发点，也是落脚点。

二　研究目的

本书试图实现如下几个方面的研究目的：

（一）系统梳理 STS 研究的美国传统和欧洲传统。

针对目前 STS 研究争论的多样化、理论进路的多元化、学科边界的模糊性、论题域的多变性实际上都指向了 STS 研究的两个传统的分立，因此，对 STS 两个传统的划分有利于厘清 STS 的思想脉络，试图使 STS 研究明朗化。本书首先要系统梳理美国和欧洲 STS 研究的理论来源、代表人物、主要思想、理论特色及评介。对 STS 有一个总体的把握和理解。

（二）全面比较 STS 研究的美国传统和欧洲传统。

通过对 STS 两个研究传统的划分归类和系统梳理，找出两个传统的同中之异与异中之同。从两种 STS 起源的不同，探析造成两个传统分立的学派源流、社会背景、直接诱因的不同。从两种 STS 主要观点的差异，探析两个传统的理论内核、研究旨趣、哲学基础的不同。探析欧洲 STS 与美国 STS 的界面，及走向融合的可能。

（三）探索两种传统影响下的我国 STS 研究的走向。

由于我国 STS 是"欧风美雨"的产物，国际学界对 STS 的争论就不可避免的造成了国内学界对 STS 研究的争论。STS 最早引入中国是在 1992 年，美国学者卡特克里夫和卡尔·米切姆来华讲学，掀起了 20 世纪 90 年代 STS 研究的第一个热潮，当然这个时期美国的 STS 研究方法与范式对中国影响较大，进入 21 世纪以来，随着建构主义与 SSK 的引入，欧洲传统的 STS 逐渐显示其强大的学术吸引力，更多学者投入到科学技术的人文社会科学研究中来，同时也造成了 STS 两个研究传统在中国的分立局面。本书试图通过国际 STS 研究传统的比较分析和研究走向的经验启示，为探索我国实践情景下 STS 研究提供一种参考的思路。

三　研究意义

（一）理论意义

本书是关于 STS 的基本理论问题的元研究。对 STS 的元研究是一个复杂的认识过程，比较研究可以帮助我们更好地认识 STS 的客观规律。STS 研究在国内仍然处于探索与成长期，从科学哲学与技术哲学出发的 STS 的基础性研究还比较薄弱，关于 STS 的实践研究仍然没有统一的学科范式和理论引导，关于 STS 的学科定位和哲学基础仍然处在争论期。不仅如此，由于 STS 是"欧风美雨"的产物，目前我国 STS 研究大多还处在追踪国际学术前沿状态，对国际 STS 学派述评与理论介绍较多，直面中国 STS 现状研究较少，继承的多，原创性理论较少，尤其是对如何结合中国的实践情景建构我国 STS 理论研究特色则鲜有论述。笔者以为，国内学界关于 STS 的种种困惑是受国际 STS 研究争论的混乱影响造成的。因此，本书旨在通过梳理 STS 的两种传统，对目前纷繁复杂的 STS 研究方法有个较为系统的分析和梳理，首先，致力于勾勒出 STS 两个传统的基本框架，梳理每个传统的思想史并且强调在基本思想和内涵上的不同。其次，对这两种传统的思想特质进行比较，比较分析这两种传统的 STS 观，不仅有助于加深对这两种传统本身的认识，而且也有助于厘清欧洲传统的 STS 和美国传统的 STS 之间的界限，提高对 STS 这个问题的理论认识。最后，指出了两种传统之间的张力和走向融合的可能方式，对我国 STS 研究的理论边界的拓展以及中国实践情景下 STS 的走向具有重要的理论意义。

（二）实践意义

对于 STS 这样一门极具实践性的学术领地来说，缺乏对实践的关注是令人遗憾的。STS 在相关领域巨大的凝聚力，越来越引起社会公众的关注，走向了实践转向的行动主义的纲领。近年来 STS 领域内一个重要的转向就是从描述的进路转向规范的进路，STS 研究不再囿于传统的学院式的哲学反思，而是转向对政治和实践的探索。一方面，STS 关注技术伦理与工程伦理，尤其是对新兴科学技术领域的关注，伦理上的反思必然涉及政策上的规约，这也是美国STS 研究带给我们的启示之一；另一方面，受技术哲学经验转向的影响，STS 研究也逐渐摆脱关于科学技术的宏大叙事，从微观角度探索具体领域的科学技术的社会影响及其伦理评价和政策导向成为STS 学者所努力的方向。倡导实践转向的 STS 研究也是本书所努力的。

第二节　国内外相关研究述评

就笔者所查阅到的国内外现有文献中，关于 STS 的内涵以及STS 外延的论述较多，存在不同观点，研究成果是比较丰富的。但一般是分别论述欧洲的 STS 理论例如社会建构论、科学知识社会学等，或者是美国实践取向的 STS 来探讨的，也主要是针对某一方面进行论述，而把欧洲 STS 理论与美国 STS 理论进行比较研究的不多。另外，既有的研究文献也多数是概括性的论述，没有具体化的研究成果，且论述的内容不多，尤其是从比较中探究二者的相互关系以及未来走向的问题更是凤毛麟角。就笔者所查阅到的国内外文献资料中，尚无系统研究欧洲 STS 传统与美国 STS 传统异同之处的学术专著及论文等。下面就与本书研究相关的一些研究成果作简要的概括、归纳和评述。

一　STS 基本问题的综述

（一）STS 基本概念与研究任务

关于 STS 概念的理解，不同的学者有不同的看法，理解上的偏差造成的给 STS 下一个全面而又使人信服的概念是困难的。从对STS 代表的不同英文缩写来看实际上已经蕴含了对 STS 两种传统的不同理解。对 STS 概念的理解是 STS 理论研究基础性问题和逻辑起点，因此有必要整理并澄清对 STS 的研究对象、学科范围等基本问题的理解。

殷登祥曾对 STS 做过一个比较一般性的定义，他认为："STS 是一门研究科学、技术和社会相互关系的新兴学科。它把科学技术看作是一个渗透价值的复杂社会事业，研究作为社会子系统的科学和技术的性质、结构、功能及它们之间的相互关系；研究科学技术与社会其他子系统如政治、经济、文化、教育等之间的互动关系；还要研究科学、技术和社会在整体上的性质、特点、结构和相互关系及其协调发展的动力学机制。"①

S. H. 卡特克里夫（Stephen H. Cutcliffe）认为，STS 领域的中心任务至今一直是诠释科学技术的社会过程，把科学技术看成是复杂的事业，其中文化、政治和经济价值观念促进了科学技术事业；反过来科学技术又影响了这些价值观念和形成它们的社会②。卡特克里夫用经线与纬线的比喻来形容 STS 所编织的社会之网，当经线和纬线结合在一起的时候，它们就提供了整块科学、技术与社会之布。在当代社会中，我们需要作出巨大的努力才能对科学、技术与社会的编织之网或相互关系的复杂性获得深刻的理解③。

菲律宾学者贺兰德指出，科学技术与社会的关系问题由来已久，因为科学革命和历史传统始终把人的社会福利看作是科学技术的重要目的之一。近年来，西方国家中社会生活和科学技术明显分离。有人认为，这主要是两种文化（自然科学和人文科学）互相脱节，而其中一种文化（自然科学）又居统治地位，提出科学技术和社会相互关系问题，就是对这种现象所做的一种反应④。

---

① 殷登祥：《试论 STS 的对象、内容和意义》，《哲学研究》1994 年第 11 期，第 45 页。

② Stephen H. Cutcliffe, *The Emergence of STS as an Academic Field. Research in Philosophy and Technology: Ethics and Technlogy*, Greenwich: JAI Press Inc, 1989, p. 288.

③ Stephen H. Cutcliffe, "The Warp and Woof of Science and Technology Studies in the United States", *Science Technology and Society*, No. 3, 1994, pp. 33 – 34.

④ 赵学漱等：《STS 教育的理论和实践》，浙江教育出版社 1993 年版，第 78—80 页。

英国学者 J. 所罗门（John Solomon）认为，STS 是一个交叉学科领域，科学和技术处于社会情境之中；科学是一种人的活动，不能脱离其时代的生活和实验室之外更广阔的社会。新科学观有四个论据：（1）科学为社会（从上到下）提供财富和健康的能力；（2）努力使工匠，然后是一般公众了解科学；（3）战争，后来是环境对科学的震动，所以科学内部需要价值和责任；（4）重新评价科学证据和知识制造的中立性（科学认识论）[1]。

乔克（Rosemary Chalk）认为，科学、技术与社会之间的关系是一个称为 STS 研究的探索领域。在近几十年来，STS 已经对许多学生和教师有强烈的吸引力。其部分魅力在于科学技术与社会之间关系的动力性。科学通过它的发现变革社会，而科学自身也被实验室外的社会力量所改变。科学、技术与社会研究的另一部分魅力在于客观知识与主观知识之间的差别。当标志先进科学技术信息的公式、数学和实验室试验经常处于大多数公民的理解之外时，与科学技术的发展和应用相联系的社会问题和难题却是更容易理解的，并且它们是被更直接的经历的[2]。

韦伯斯特（Andrew Webster）也探讨了科学、技术与社会之间相互关系的新方向：（1）实验室内科学探索性质的明显变化，因为实验趋向于成为科学家团队的工作，而不是孤立的个人在一个实验机构内的艰苦努力；（2）在更一般的水平上，科学与技术之间的区别也已经失去了在实践上的适用性，即使在原则上仍然可以区别两者；（3）进行基础研究的公司实验室的存在，现在已经不是新东西；（4）科学技术现在肯定是处于政治领域内，因为它们是国家关注的中心，所有当代的政府都涉及对科学技术的大规模自主、管理和控制。那种认为科学技术是中性的，不受更广的社会过

---

① John Solomon, *Teaching Science*, *Technology and Society*, Berkshire: Open University Press, 1993, pp. 11 – 18.

② Rosemary Chalk, *Science*, *Technology*, *and Society*: *Emerging Relationships*, Washington DC: The American Association for the Advancement of Science, 1988, p. 1.

程影响的传统观念已经不再能获得认可，相反，科学技术的社会建构性日益得到社会学家的承认①。

沙尔·雷斯迪沃（Sal Restivo）认为STS 有三种哲学研究框架分别是，韦伯主义、马克思主义和杜桓主义。科学社会学的默顿模式在 20 世纪 60 年代末期和 70 年代初变得明朗化了，虽然当时STS 运动刚刚崭露头角。默顿模式对 STS 的影响主要表现在，在美国及其他地方，默顿学派依然是科学政策的思想、视角和建议的主要来源；默顿学派依然不断的出现在对 SSK 的抵制，并不断影响关于心灵、思维和意识等问题②。

安维复教授认为，STS 必须在一定的（但未必是统一的）哲学研究纲领下进行思考。失去了哲学理念，也就失去了 STS 存在的意义。从哲学层面看，STS 的基本问题是"事实与价值"或"是"与"应当"之间的关系问题。STS 研究在实践层面的基本问题是科学技术与人之间的关系问题，其实质是科学技术与人的解放问题③。

徐飞认为，科学技术学是一门主要以经验方法对科学进行整体研究的综合性学科。它研究整个科学知识体系再生产的规律性以及科学发挥作用的规律性，旨在为科学研究的组织管理、科学规划和科学政策的制定提供系统的理论依据。从研究的角度看，科学技术学对科学问题的关注比对技术问题的关注要更多一些，研究的重心也基本上锁定在关于科学的历史、哲学以及社会和文化研究等领域，并力图在相互交叉的基础上获得新的见解。由此可见，科学技术学不是关于科学技术发展的哲学认识论、社会学、经济学、心理学和历史学等诸学科知识的简单组合，而是一门对科学技术进行综

---

① Andrew Webster, *Science*, *Technology and Society*：*New Direction*, New Brunswick：Rutgers University Press, 1991, pp. 2 – 5.

② 安维复：《STS 的理论基础：从综合学科论到社会建构主义》，载李正风《走向科学技术学》，人民出版社 2006 年版，第 252 页。

③ 同上书，第 259 页。

合研究的交叉学科，它也把其他学科对这些方面的研究作为自己的一个有机组成部分①。

孟庆伟教授认为，科学技术学作为一门学科的形成，是建立在当今科学技术研究的交叉性、整体性、复杂性特点之上的。由于当前的科学技术已经渗透到社会的各个领域，以科学技术作为研究对象的科学技术学也必然和这些学科发生密切的联系。科学技术学应该承担起把彼此独立的学科整合起来的任务，建立起不同侧面认识科学技术的有机联系，就是需要科学技术学建立自己特有的方法论②。

沈律认为，我国的学者只是简单地把科学学和技术学罗列在一起，没有使这些学科有机地结合起来，形成一个完整的学科体系。从学科的理论上讲，很多方面的工作仅仅只是一种意向性研究，既没有回答整体科学技术的本质及其基本属性问题，也没有回答整体科学技术发展的机制和规律问题。但从总的方面来看，国内外就科学技术整体问题的研究显得比较松散，也很乱，没有比较完整的学科规范结构，学科框架也不严密，学科内容也不完整③。

黄欣荣教授认为，从学术渊源上来看，科学技术学是以前科学学和技术学的继承和扬弃，但它也有新的突破和进展，他从研究对象、学科定位、学科体系、学科地位、研究方法和学科的国际交流等几个方面进行了分析④。

张纯成认为，如果把科学技术学当作一个学科来看待，它的框架应该由三个维度来组成，分别是时间维、认识维和实践维。时间

---

① 徐飞：《科学技术学：一个值得关注的新领域》，载李正风《走向科学技术学》，人民出版社2006年版，第69—74页。

② 孟庆伟：《科学技术学：能够做什么? 应该做什么?》，载李正风《走向科学技术学》，人民出版社2006年版，第175—178页。

③ 沈律：《关于科学技术学建设的几个问题》，载李正风《走向科学技术学》，人民出版社2006年版，第214—224页。

④ 黄欣荣：《从科学学、技术学到科学技术学》，载李正风《走向科学技术学》，人民出版社2006年版，第214—224页。

维度上，包括科技史、科技概论和科技未来学；认识维度上包括科学技术哲学和科技文化学；实践维度包括科技社会学、科技政策学和科技伦理学等①。

（二）STS 两个传统的研究综述

史蒂夫·福勒（Steve Fuller）将两种 STS 比喻为"高教会派"（High Church）和"低教会派"（Low Church）两个教派，其主要区别是前者注重宗教礼仪，后者不注重宗教礼仪。福勒把学者阵营称为"高教会派"，把活动家阵营称为"低教会派"②。据殷登祥教授对威克斯教授关于 STS 欧美两种传统的分析提出了两者的互补性。他说，STS 学者的成果对于活动家是非常有益的，这些成果剥掉了科学技术神秘的面纱，还它们以本来的面目，还揭示了科学技术固有的职责。科学技术看起来像一个庞然大物，实际上像人一样，而且是易受责难的。另外，活动家对于学者也是有帮助的。STS 学者仍保留着许多学院式的外部标志，例如用于产生公认的客观知识的经验主义纲领。因此，他们的纲领，像技术社会知识产业的任何组成部分一样，也可以接受 STS 活动家的分析批判③。

大卫·艾杰（David Edge）认为，相比于实证主义的趋势，STS 持有一种新的科学技术观，科学学的目标试图为这些决策提供客观的、价值中立的基础，从面赋予它们以科学的可信性。STS 的这条线索意在维系一种理性主义的、非批判性的科学观。STS 的另一条重要的研究进路，从"作为社会系统的科学"的分析开始，相当于默顿的科学社会学。到 20 世纪 70 年代逐渐形成持有学院式的、人本主义的宗旨的"科学知识社会学"（SSK），开展了对具

---

① 张纯成：《科学技术学——从历史走向现实》，载李正风《走向科学技术学》，人民出版社 2006 年版，第 71—77 页。

② Steve Fuller, *Philosophy, Rhetoric, and the End of Knowledge: The Coming of Science and Technology Studies*, Madison: University of Wisconsin Press, 1993, p.121.

③ 殷登祥：《科学、技术与社会概论》，广东教育出版社 2007 年版，第 122—123 页。

有社会性的自然科学知识的经验考察。SSK 所代表的实验室实践的微观民族志研究；对科学修辞和技术话语的分析；技术社会学的新路径，例如对"社会技术系统"（Sociotechnical – systems）的强调；以及"行动者—网络"理论（Actor – Network – Theory）。不过，她认为 STS 的这两条河流仍然没有汇合到一起①。

亨利·鲍尔（Henry Bauer）在解释 STS 是如何形成的时候说到，STS 源自于几种绝不可能完全结合的开端。这种方向在英国叫做"科学的社会与文化研究"，在美国被叫作 STS。另一种知识的开端是 20 世纪 60 年代学生的激进运动，其中的一部分转向对科学作为技术社会中某些不能令人满意的方面的罪魁祸首（甚至科学本身就是罪魁祸首）的批评。还存在其他的实质差异，所有这些差异成为目前在 STS 大伞下不同的学派之间存在的持续张力的根源②。

荷兰的比克教授在 Visions of STS 中区分了传统视角和建构主义视角下 STS 观的区别，他认为传统视角的 STS 大致相当于在决定论思想影响下的科学技术观。

吴彤教授认为，对于 S&TS 的社会认识论以及其他哲学基础有关的发展，有两个不容忽视的传统或者趋势影响。第一是欧陆以解释学为主的哲学传统的影响；第二是英美哲学传统中的自然主义认识论的影响③。

李晓峰、吴永忠通过对两种 STS 译名不同的区分提出了 STS 的两种研究传统，STS 这个国际学术界通行的英文缩写词有两个不同的全名表示，一个是"Science，Technology and Society"，中文译为

———————

① ［美］希拉·贾撒诺夫、杰拉尔德·马克尔等：《科学技术论手册》，盛晓明等译，北京理工大学出版社 2004 年版，第 4—11 页。

② ［美］奥利卡·舍格斯特尔：《超越科学大战——科学与社会关系中迷失了的话语》，黄颖、赵玉桥译，中国人民大学出版社 2006 年版，第 56—57 页。

③ 吴彤：《试论 S&TS 研究的哲学基础与研究策略——从科学实践哲学的视野看》，《全国科学技术学暨科学学理论与学科建设 2008 年联合年会清华大学论文集》，北京，2008，第 2—9 页。

"科学、技术与社会";另一个是"Science and Technology Studies",中文意思是"科学技术研究"(科学技术论或科学技术学)。在国外的 STS 中,前者被看作是广义的解释,是对科学、技术与社会相互关系的跨学科研究及其在新认识基础上的社会实践(运动);后者被看作是狭义的解释,是对作为认知活动与社会事业相统一的科学技术所进行的多元化理论研究。它们是一种包含关系或整体和部分的关系,后者被包含在前者的理解范围中。美国的 STS 偏向于"科学、技术与社会"这个方向的探索活动,英国的 SSK(Sociology of Science Knowledge,科学知识社会学)可以看作是倾向于"科学技术研究"含义的理论研究。在近半个世纪的探索发展中,出现了美国的 STS 和英国的 SSK 这两种 STS 的研究传统①。美国的 STS 突破了过去研究科学技术较少联系社会的状况,从关注现实问题出发而展开的探索活动。英国的 STS(主要是 SSK)发展出了一种把科学技术置于社会情景中的生动分析,形成了研究科学技术的新的理论视野——建构主义视野②。

许飞指出,直到 20 世纪 90 年代,研究科学知识的社会学家们在使用科学知识社会学(SSK)的基础上,逐步采用了 Science Studies 的名称,以区别于传统的科学社会学(Institutional Sociology of Science)。当学术界对技术的研究兴趣日增的时候,人们又开始在科学学中间加入技术一词,改为科学技术学,英文缩写为 Science&Technology Studies,STS。另一种 Science,Technology and Society,也反映了对科学技术的研究开始从科学技术的哲学和历史学研究中分立出来这样一个事实③。

---

① 李晓峰、吴永忠:《论 STS 的两种研究传统》,《全球化视阈中的科技与社会论文集》,沈阳,2007,第 1 页。

② 李晓峰、吴永忠:《论 STS 的两种研究传统》,《哈尔滨学院学报》2008 年第 3 期,第 21 页。

③ 徐飞:《科学技术学:一个值得关注的新领域》,载李正风《走向科学技术学》,人民出版社 2006 年版,第 69—74 页。

刘亦雄在其论文中提到，作为英文缩写的 STS，迄今为止不仅在欧洲与美国学者之间存在着内涵上的区别，而且在中西方学术界及其各自内部都存在着理解和解释上的差异。这种差异，主要是根源于英、美两种不同的科学社会学传统。从理论渊源或思想传统来看，虽然欧洲和美国的 STS 都与科技史和科技社会学紧密相关，但存在着两种科学社会学的研究传统：一是以默顿为代表的美国传统，它是在大学的社会学系中开展的，是专业社会学家所从事的工作；二是以贝尔纳为代表的英国传统，它是跨系跨学科的研究与计划，并不限于专业社会学家，是一种广义的科学社会学研究①。

通过对 STS 的概念、主要研究任务的梳理已经能够看出 STS 两种不同传统分立的端倪，不同传统的 STS 传统对其概念和主要任务的理解各不相同。一种是把 STS 理解为科学技术与社会，以探求科学技术对社会的影响。这一传统在美国诞生，起源的社会背景和学术背景是对科学技术负面效应的人文主义反思以及由此带来的社会运动和生态运动，其深厚的思想基础是基于美国的实用主义传统中把知识归结为行动的工具的观念。另一种传统把 STS 理解为科学技术学，摒弃了科学哲学的实证主义传统中从科学内部逻辑研究科学发展、成长的模式，把科学及科学知识看作是具有社会属性的外部过程，从而形成了具有浓厚建构主义色彩的科学知识社会学和技术社会学研究，其思想基础带有浓厚的欧洲解释学传统。

二　STS 相关领域内的比较研究综述

比较研究是认识事物本质的重要方法之一，但同时也说明了正在进行比较的事物双方都处在认识粗浅阶段，也就是说明了学者对 STS 的认识还不甚明了，需要通过比较研究的方法来澄清 STS 的一些基本问题。在 STS 学界也进行了一些比较研究的工作。

---

① 刘亦雄：《阴阳太极思想与 STS 理论范式的建构》，硕士学位论文，西安建筑科技大学，2006，第 17 页。

卡特克里夫在其《美国和欧洲学院和大学的 STS 计划：关于来自该领域的观察报告》一文中，通过对欧洲和美国 STS 的比较分析，认为它们之间至少存在着如下的区别：（1）STS 研究。欧洲的 STS 研究比美国更重视 STS 共同体的合作导向，它具有更多的国家和国际水平的学术联合或交流计划；（2）STS 教育。欧洲与美国在 STS 教育方面一个主要区别在于，欧洲几乎没有只招收大学生的四年制学院。因此，如果欧洲大学的系或者计划要开设 STS 课程的话，它们就不仅在大学水平上，而且也在某种形式的研究生水平上开设这样的课；（3）科学、技术与公共政策。美国似乎有较多的 STPP/SEPP 计划侧重在科学技术政策方面，而欧洲的这些计划则侧重在技术管理和技术创新研究上。美国的技术管理计划较之于欧洲的同类计划来说，似乎在更大的程度上是强调其学生的一种技术上或工程上的准备①。

伊勒贝格（J. Ilerbaig）对两种 STS 文化做了比较。他说，一种是具有真正交叉学科性的问题导向的 STS 文化；另一种是大多能导致多学科性的学科导向的 STS 文化。第一种交叉学科性的 STS 文化较多的是社会向善论者或活动家的文化，哲学家和伦理学家起主导作用，集中在技术方面，从规范的观点看待问题；第二种交叉学科性的 STS 文化由历史学家和社会学家起主导作用，它也部分地作为一种对人文社会科学学生对科学技术的社会影响所表达的类似忧虑的反应。它使用经验的方法描述科学和工程实践，表明科学技术知识建构的社会过程②。

陈凡、张明国等人对中日 STS 进行了比较，开拓了区域性 STS 比较研究的新视野。他们从历史与现实（殖民地科学）的角度，对殖民地科学的形成与发展、基本特征和对中日两国的不同影响进行了阐述。从科技与教育（STS 教育）的层面对中日 STS 教育的内

---

① 殷登祥：《科学、技术与社会概论》，广东教育出版社 2007 年版，第 118 页。
② 同上书，第 121 页。

容、目标、特征、原则和方法问题进行了比较。从技术与文化（技术社会文化史）的方面，对中日两国的技术文化观、技术创新实践进行了比较①。

复旦大学的周丽昀博士的《科学实在论与社会建构论比较研究——兼议从表象科学观到实践科学观》一文对科学实在论与社会建构论进行了比较，对富有代表性且又互相竞争的两种科学解释方式——科学实在论和社会建构论——进行了比较研究。重点探讨了它们共同的形而上学根基，然后对他们的分歧，同时也是作为科学观内核的客观性、真理以及方法论等进行了比较，从而勾勒出科学发展的理论图谱，挖掘出科学观的理论根基，进而指出了走向实践的科学研究②。

东北大学的王建设博士的《技术决定论与社会建构论关系解析》一文对 STS 中比较盛行的两种理论：技术决定论和社会建构论进行了比较。认为两种理论在研究形态、研究意趣、思想源头方面存在差异；认为两种理论的出发点不同、角度不同、论题不同，因而形成的结论必然不同，都具有独立存在价值，它们是相互补充、相辅相成的关系。两种理论从分立走向耦合的路径与意义③。

通过对以上文献梳理可以看出，STS 的比较研究是一个常新的领域。国内外学界对 STS 相关领域的比较研究的关注度还是不够的，仅有的比较研究也是集中在浅层次的、局域性的、研究纲领内部的比较，从宏观上对欧美两种研究传统的比较还是当前 STS 研究的一个缺失。

---

① 陈凡、张明国、梁波：《科学技术社会论——中日科技与社会（STS）比较研究》，中国社会科学出版社 2010 年版。

② 周丽昀：《科学实在论与社会建构论比较研究——兼议从表象科学观到实践科学观》，博士学位论文，复旦大学，2007。

③ 王建设：《技术决定论与社会建构论关系解析》，博士学位论文，东北大学，2008。

三 建构主义与实用主义的 STS 研究综述

（一）建构主义的 STS 研究综述

加拿大学者西斯蒙多（Sergio Sismondo）说："在上个世纪 70 年代后期，STS 开始使用社会建构这个词，最早的用法见于《科学知识社会学年鉴》（第一卷）中，并出现于该年鉴的论文中，一边是关于 17 世纪编年史；一边是关于新的科学方法论（Mendlsohn1977 年和 van den Daele1977），它们认为，新科学和它的认识论从体制上受社会和政治思想的影响。弱的社会建构主义是 STS 研究纲领的一个重要组成部分，因为它使科学和技术进入到人类、社会和历史视野。它表明了信念、结果和社会构成的偶然性。"①

西斯蒙多在论述 STS 的建构主义方法时指出，对于 STS 而言，科学技术是鲜活的程序，值得研究。这个领域考察的是科学技术和技术人工物如何被建构的。知识和器物是人类产品，因而无不打上生产环境的印记。简而言之，有关知识的社会建构的要求不曾使物质世界在知识的制造过程中发挥什么作用②。

科学技术研究主要侧重在理论导向的 STS 研究。早在 20 世纪 60 年代，在历史学家、社会学家和哲学家中间发生了内在主义和外在主义的论战，学者们开始认识到对科学技术的性质、起源、发展和累积进行内在主义的描述是不恰当的。因此，在 20 世纪七八十年代转而重视对科学技术的社会和文化背景及其作为社会过程的功能进行阐释性的理论探讨。不论是社会建构主义者，科学知识社会学中的相对主义或所谓强纲领的观点，还是技术史的情景观点，都倾向于超越范围，从更加广泛的观点来看待科学技术。从事科学技术研究的主要是社会学家，还有人类学家和政策分析者。科学技

---

① Sergio Sismondo, *Science without Myth – On Constructions, Reality, and Social Knowledge*, New York: State University of New York Press, 1996, pp. 57 – 58.

② Sergio Sismondo, *An Introduction to Science and Technology Studies*, Oxford: Blackwell Publishing, 2004, p. 10.

术研究的最大贡献在于，详细的经验案例研究和随后在科学知识和技术发展方面的理论研究①。

福勒将 STS 的社会—历史学视角追溯到库恩，首先，认为库恩是建构主义 STS 的重要思想来源，库恩对社会建构主义的影响表现为首先，认识到科学知识是从那种维持科学共同体认同性的社会规训的权威中学习而获得的，这意味着对科学争论与科学中概念的变化对科学实践与知识的说明是最关键的。其次，科学实践是由忠诚于某种解决问题的范式来控制的，在其中理论概念、方法与对特殊工具的信赖是默会的，这些默会的价值并不能够充分地表达在明确的特殊方法论规则中，因此科学研究并不是按部就班的逻辑推理，它更像传统工匠的实践中的技巧。最后，科学实践的最重要导向是政治利益，政治利益联系着某种社会生活形式或范式，在某种程度上，政治利益能够在科学争论中充分暴露出来②。

建构主义 STS 在欧洲的主要研究形态表现为科学知识社会学。科学知识社会学（Sociology of Scientific Knowledge，以下简称SSK）自 20 世纪 70 年代初在英国诞生后发展势头一直很迅猛，目前在欧洲 STS 研究领域占据主流的地位。但在国内，人们对SSK 的认识却只能说是刚刚起步。国内对 SSK 的最早介绍可以追溯到 20 世纪 80 年代，南开大学的刘珺珺教授在其主编的《科学社会学》一书中对 SSK 有初步评价。20 世纪 90 年代末，国内第一本对 SSK 进行系统研究的专著《科学的社会建构——科学知识社会学的理论与实践》产生，一些主流的社会学和哲学杂志也开始密集地翻译 SSK 的论文，一些出版社则系统地引入了 SSK 的主要作品。

一般说来，建构主义的研究方法主要有三个，根据社会学家平

---

① Stephen H. Cutliffe, *Ideas, Machines, and Values: An Introduction to Science, Technology, and Society Studies*, Boston: Rowman& Littlefield Publishers, 2000, p. 86.

② 汪漪:《社会建构主义科学观研究》，硕士学位论文，大连理工大学，2006，第11 页。

齐认为，实验室研究、科学争论研究、科学家话语文本研究这些经验研究都集中在科学知识在更加广大的社会范围内的建构过程上，即认为科学知识能够、实际上已显示出其构成完全是社会性的，平齐把这些经验研究称为社会建构主义方法论。（1）实验室研究；（2）争论研究；（3）科学家的文本、话语研究。

建构主义作为 STS 研究的主要纲领主要体现在对科学和技术的人文社会科学研究中，由此形成了科学知识社会学（SSK）和新技术社会学。李三虎和赵万里认为，所有社会建构论者都认为技术发展是一个偶然过程，包含诸多异质因素，因此技术变迁并不是一个固定的单向发展过程，更不是单纯经济规律或技术内在"逻辑"决定的开发过程，技术变迁只有依据大量的技术争论才能得到最佳的解释。在普遍存在的技术争论中有不同操作子（个人或群体）或相关社会群体（他们拥有共同的利益和概念框架）参与，他们参与技术战略决策，从反对者那里赢得胜利，按照他们自己的计划使技术最终定型[1]。

刘魁和干承武在《建构主义纲领评析》一文中提出了建构主义科学观的几个基本观点，认为（1）科学知识是人工制造的产物；（2）科学知识是磋商的结果；（3）科学与其他社会文化一样，并非具有更多的真理性[2]。

大卫·布鲁尔在《知识和社会意象》一书中宣布了表征科学知识社会学主要理论特征的四条强纲领：因果关系、客观公正、对称性、反身性。从内容上看，强纲领依旧体现了强烈的解构主义色彩，其中的客观公正性是指"它应当对真理和谬误、合理性和不合理性、成功或者失败，保持客观公正的态度。这些二分状态的两

---

① 李三虎、赵万里：《社会建构论与技术哲学》，《自然辩证法研究》2000 年第 9 期，第 27 页。

② 刘魁、干承武：《建构主义纲领评析》，《淮北煤炭师范学院学报》（哲学社会科学版）2003 年第 12 期，第 44 页。

个方面都需要加以说明。"①

皮克林指出，SSK 的研究具有两个基本特征：第一，如其名称所示，SSK 认为，科学就其核心而言是社会利益性和社会建构性的，科学知识本身必须被理解为一种社会产物；第二，SSK 根本上而言是经验性的和自然性的，就是说通过对真实的科学进行历史与现实的考察来说明科学知识何以是社会性的，规范哲学的先验论教条被搁置一旁②。

任玉凤与刘敏在《社会建构论从科学研究到技术研究的延伸》一文中认为，伴随着科学知识社会学（SSK）的产生而逐步形成体系的社会建构论，主张站在社会学的角度分析科学知识的产生，强调社会因素对科学的建构。这种建构主义的分析问题方式逐渐由科学观延伸到了技术观，并在此基础上形成了技术的社会形成论（SST）。社会建构论作为一种方法论从 SSK 研究到 SST 研究的延伸，表明科学的人文研究对技术的人文研究有着十分密切的联系③。

莫少群认为，自 20 世纪 70 年代以来，科学争论成为科学技术与社会（STS）研究领域持续关注的热点，并出现了多种不同的研究进路，其中，科学知识社会学（SSK）对科学争论的研究处于一个最为显著的位置。一方面，SSK 是继默顿范式之后在 STS 研究领域处于主流地位的理论流派，它最明确地代表了对科学争论进行相对主义的和建构论的研究路线；另一方面，SSK 把争论研究提高到一种战略地位上，作为与实验室研究和文本话语分析相并列的重要研究"场点"，SSK 的主要研究纲领，如利益分析模式、经验相对

---

① ［英］大卫·布鲁尔：《知识和社会意象》，艾彦译，东方出版社 2001 年版，第7—8 页。

② Andrew Pickering, *From Science as Knowledge to Science as Practice*, Chicago：University of Chicago Press，1992，p. 1.

③ 任玉凤、刘敏：《社会建构论从科学研究到技术研究的延伸》，《内蒙古大学学报》（人文社会科学版）2003 年第 4 期，第 3—7 页。

主义纲领、科学编史学、技术的社会建构理论等也都是以争论研究为基础形成和展开的①。

所谓STS研究的建构主义范式，指以建构主义科学技术观为核心，打开科学和技术黑箱，研究科学知识和技术制品的社会形成过程，强调科学技术是由社会因素塑造的，主张科学技术应对人文社会科学开放，即应当运用人文社会科学方法，特别是建构主义方法去考察社会的、体制的、经济的和文化的力量对科学技术起作用的具体方式。建构主义开创了STS研究的新方向，对于人们从内部理解科学技术及其在人类社会中的地位有着莫大的启示。建构主义研究范式，不管从方法论还是目的论来说都是描述性的②。

（二）实用主义的STS研究综述

美国是传统STS（科学技术与社会）的发源地，一般认为，美国的STS起源于"二战"后，对此殷登祥教授给予了较为系统的梳理，认为STS的诞生是一个过程，具体表现为一系列STS机构的成立。例如，美国1964年IBM公司资助设立的"技术与社会计划"，目的是"深入探索技术变化对经济、公共政策和社会特征的影响，以及社会进步对科技发展的性质、范围和方向的互惠作用。"在接下来的几年里美国各大学陆续成立各种以"科学技术与社会"的研究计划。STS作为一门学科首先在大学教育中出现。实际上，美国的STS诞生的思想背景是源于对科学技术负面效应的反思，这是美国STS的一个重要特点。

按照美国STS学者米切姆的说法，美国的实用主义STS思想一直可以追溯到杜威那里，因为从杜威的著作中已经可以看出他的非中立性的技术价值观了。庞丹认为，杜威是反对各种技术决定论的，认为技术既是智慧的又是负荷价值的。工具常是因解决特定的

① 莫少群：《SSK科学争论研究述评》，《自然辩证法研究》2001年第11期，第60页。

② 吴永忠：《国际STS研究范式的演化》，《自然辩证法研究》2009年第12期，第74—75页。

现存问题所需而发展起来的，同时制造和使用工具也是丰富人类经验的一个重要方面。在杜威看来，新的技术价值是多元的，新的技术提供了一种新的可能，因此他特别强调使用技术的人要精心的选择符合人的使用工具，以最大限度实现人们的价值①。

米切姆将芒福德看作是美国前 STS 发展阶段的重要人物之一。芒福德本人虽然没有使用 STS 一词，但却通过人类学的角度对两类技术（单一技术和综合技术）的考察，讨论的现代技术对人性带来的影响。米切姆认为，芒福德是从爱默生到杜威的美国现世浪漫主义传统中的一位坚持不懈的技术批评家。这个传统之所以是现世的，是因为他关心环境生态学，关心城市生活的和谐，注意保存荒野，并对有机物有感情。它之所以是浪漫主义的，就在于它坚持主张：物质性并不是有机物活动的最终解释，至少就有机物人的形式来说是这样的。人的活动基础是精神的，是人对创造性的自我实现的追求②。

米切姆还区分了美国 STS 团体内的两种研究方法，一种是工程师的研究方法，他们认为与技术相连的基本问题是基于一种对技术本身理解的缺失造成的。工程师真正需要的更多的是关于科学和技术以及它的社会关系的知识，以便于能更有效的使工程师来实现他们的目标。技术的难题不能被较少的技术解决，而能被更多更好的技术解决。因此，对于工程师来说，STS 教育是一种能提高人们对科学和技术欣赏意识的一种手段；STS 的另一种研究方法是人文主义的。他们认为技术的某些问题是由技术本身固有的天性造成的，因此我们需要的不是更多的技术而是更少的技术抑或有选择的技术抑来处理污染问题和社会变革问题。而且，技术的力量尽管不能够展示出其应有的价值，但是仍然以预设有用性的方式来

---

① 庞丹：《杜威技术哲学思想研究》，东北大学出版社 2006 年版，第 82—83 页。

② ［美］卡尔·米切姆：《技术哲学概论》，殷登祥等译，天津科学技术出版社 2000 年版，第 19 页。

改造社会的结构①。

近年来费恩伯格将研究旨趣转向了 STS，在他 2003 年的文章
《现代性理论和技术研究：沟通鸿沟的反思》一文中，用极其宽广
和批判的视角审视了 STS 研究，费恩伯格指出他的现代性理论和
STS 研究面临着冲突，认为 STS 的"对称性原则"与他的现代性理
论中将理性和意识形态的划分截然不同，STS 试图将社会性带入理
性，而费恩伯格却相反。进而他认为 STS 研究缺少一种政治学视
角。而他的技术哲学理论是沟通这两者的最好的方式，STS 应该吸
收一种更加宽泛的政治学视角。尤其最近 STS 中的案例研究极大地
改变了技术实践和社会生活的一些根深蒂固的观念。STS 鼓励一些
强调经验研究的具有创新性的理论家的参与②。

四　关于 STS 两种研究传统走向的综述

西斯蒙多指出，关于高教会和低教会派的 STS 研究发展是不平
衡的。20 世纪六七十年代，交叉学科派领先，80 年代以来学科派
的影响越来越大，目前处于主导地位，高教会派 STS 对科学技术解
释的注重，并且成功的提出分析概念，用来探讨知识和人工物的发
展和稳定化问题，但是虽然它从科学技术的解释学研究进路出发，
明确地反对传统科学历史和哲学的大多数理性观点，但它的理论实
质也是类似于理性主义的③。西斯蒙多在"STS 与一种介入纲领"
中表达了"建立一种承认科学与技术在现代世界的中心地位的政
治学"的迫切愿望。西斯蒙多主张两种进路联系为一个整体，由
研究外在于社会的知识与技术转向研究知识社会与技术社会，把认

---

① ［美］卡尔·米切姆：《通过技术思考》，陈凡等译，辽宁人民出版社 2008 年
版，第 372 页。

② Andrew Feenberg, *Modernity and Technology*, Cambridge：MIT Press, 2003, pp.
73 – 104.

③ Edward J Hackett, Olga Amsterdamska, Michael Lynch, and Judy Wajcman, *Hand-
book of Science and Technology Studies*：*3rd edition*, Cambridge：The MIT Press, 2008,
p. 18.

识论与政治过程相融合，把科学带入民主。西斯蒙多指出科学研究与政策研究亟须结合①。

弗吉尼亚理工大学的约瑟夫·皮特教授提出了一个STS的哲学基础，皮特认为，STS（Science and Technology Studies）的哲学基础不等于科学哲学与技术哲学的综合。STS应当有自己的本体论、认识论基础。STS的哲学基础关系到科学的客观性问题。在STS研究中，科学的客观性受到了来自各方的抨击，所以皮特提出，要将STS研究视角转移到皮尔士的实用主义哲学。皮特认为，皮尔士的语用学不仅能够适应STS对于客观性的诉求，而且能够作为STS研究的哲学基础。按照皮特的观点，皮尔士的实用主义哲学对STS研究的启示有两点：（1）使科学作为可以自我调整的过程，其成功的评价标准是同行共同体，这包括科学标准与科学知识的内容都是可以不断修正的。因此，被解释为客观性的知识是可以随时改变的。（2）存在一种质疑，以及在质疑的基础上去认识这个世界的真实状态的目的，在此种目的下，我们会提出一种完全的关于客观性的解释来②。

日本学者中岛秀人（Hideto Nakajima）在"Differences in East Asian STS：European Origin or American Origin？"一文中指出，不管是美国传统还是欧洲传统的STS都有各自的优点和缺点，对于东亚STS的发展来说要各取其精华。欧洲STS的优点是对日常生活中的科学问题的强烈关注，这一起源从20世纪70年代就已经开始，但是分析科学的理论框架却没有在这一时期的英国出现。美国STS的优点是基于范式的科学中立主义，虽然这一视野是限制知识③。

---

① 杨艳：《〈新科学技术论手册〉述评》，《自然辩证法研究》2008年第9期，第101页。

② 陈凡、陈佳：《国际STS研究的新进展——34届科学的社会研究学会（4S）国际会议述评》，《自然辩证法研究》2010年第4期，第73—74页。

③ Hideto Nakajima, "Differnces in East Asian STS：European Origin or American Origin？" *East Asian Science, Technology and Society：An International Journal*, No. 2, 2007, pp. 239 – 240.

清华大学吴彤认为，科学实践哲学可以为 STS 提供合理和适宜的哲学基础。科学实践哲学比较彻底地批判了理论优位的传统，这使得关于科学实践活动的解释成为哲学关注的焦点，把颠倒的科学观再次颠倒了过来。科学实践哲学的科学观不仅为 STS 是否具有哲学维度的合法性奠定基础，而且为 STS 提供了一种合乎本性的哲学观和立场。科学活动本身就是社会实践之一，社会不是科学之外之维，就是科学研究的题中应有之物。这使得 STS 的社会维度自然成为科学哲学研究的自然维度。走向科学的实践研究是 STS 的自然趋势。因此，科学不是只有社会来建构的，而是综合了自然和社会来实践建构的①。

中国青年政治学院科学与公共事务研究所的肖峰教授对两种 STS 作了论述。他认为，STS 除了有"科学、技术和社会"和"科学技术研究"两种含义之外，还可以从另外两个层次上来理解，即作为本体论的 STS 和作为认识论的 STS。所谓本体论的 STS，则是把科学、技术和社会作为客观的社会现象，探讨三者之间的相互关系。对于作为认识论的 STS 是把科技和社会的知识作为研究对象，来探讨科技知识、社会科学和人文学科之间的另一种"三角关系"。它主要体现在"科学与人文"的关系中。目前比较重要且薄弱的是社会科学和人文学科的整合问题，以及它们反过来对科技发展的影响，它会涉及到 STS 本身的学科定位等问题②。

在批判描述性 STS 研究中，王华平与许为民认为，描述性 STS 忽视了规范之维，忽视了"事实"与"价值"本质上的不可分离性，或者说，"是"与"应该"的不可分离性。作为"一种生活形式"的参与者，我们的任何描述行为都会受到既定生活形式的制

---

① 吴彤：《试论 S&TS 研究的哲学基础与研究策略——从科学实践哲学的视野看》，《全国科学技术学暨科学学理论与学科建设 2008 年联合年会清华大学论文集》，北京，2008 年，第 12—14 页。

② 佚名：《新世纪的时代特征和 STS 研究》，《哲学动态》2001 年第 10 期，第 21 页。

约。因此，正如"观察负载理论"一样，描述负载了规范。描述性 STS 试图消解规范性实在是矫枉过正的做法，至少和传统哲学用规范归并描述的企图一样地危险①。

于洪波博士指出，进入 20 世纪 90 年代，STS 出现了新的发展趋势，一个走向是科学论的演进从科学的社会研究走向科学的文化研究，即从关注作为知识（或表征）的科学向作为实践的科学的转变，这一发展趋势统称为后 SSK（皮克林）或后建构主义（林奇），以区别于 STS 中的科学知识社会学或建构主义学派；另一个走向是政治学的 STS。在政治情境中对科学和技术进行精辟的理论性分析。建构主义成为一种研究范式，不但可以从社会学角度开创社会建构论，还可以从政治学角度开创政治学建构论②。

第三节　研究方法

一　文献研究法

文献研究法是本书写作所采用的主要方法，首先对国内外 STS 研究的相关文献进行了广泛的查阅与收集，以初步了解掌握国内外 STS 的研究动态。通过互联网、图书馆藏书、在国外访问期间的资料收集、跟作者本人取得联系等多种途径，并查阅文献获取大量详实、准确的资料，时刻关注学术研究前沿，了解最新动态，对收集的文献材料进行充分的理解和吸收，进行有效的整合，以保证研究结果的可操作性和指导性。

二　分类研究法

分类方法是本书写作的一个基本方法，根据目前 STS 研究中的

---

① 王华平、许为民：《STS：从 SSK 到 SEE》，《自然辩证法研究》2007 年第 3 期，第 69 页。

② 于洪波：《基于范式的 STS 学科演进逻辑分析》，博士学位论文，东北大学，2009，第 95 页。

不同理论、范式与流派的共同点和差异点将 STS 按地域特征区分为欧洲和美国两种传统，并将欧洲传统的 STS 的基本范式规定为建构主义的 STS，将美国传统的 STS 的基本范式规定为实用主义的 STS。首先使大量繁杂的 STS 理论有一个条理化、系统化的认识，并为下一步进行系统比较提供线索。

三　比较研究法

比较研究法是根据一定的标准，对两个或两个以上有联系的事物进行考察，寻找其异同，探求事物之普遍规律与特殊规律的方法。处于对事物认识由感性到理性认识的初级阶段。本书所采用的比较研究法分成四个子方法贯穿于全文之中：描述、解释、并列、比较。

比较研究从第一步详细描述比较的对象开始，就是说对欧美 STS 的研究现状尽可能周密、完整、客观地描述出来。为此，必须收集相关的资料文献。第二步是解释。在完成对所要比较研究的欧美 STS 传统加以详尽而客观的描述之后，就要对所了解的欧美 STS 传统情况进行解释，不仅了解欧美 STS 是怎样的（How），而且了解欧美 STS 为什么那样（Why）。也就是说，以社会学、政治学、经济学、人文学、历史学、心理学、哲学等学科知识为基础，把所描述的欧美 STS 研究与社会的一般现象联系起来进行思考，这就是解释阶段的目的。

比较研究的第三步是并列。从严格意义上讲，比较研究从并列阶段才开始。在这个阶段，首先，把前一阶段里已描述并解释过的欧美 STS 的进路进行分类整理，并按可以比较的形式排列起来；其次确定比较的格局，并且设立比较的标准；最后，进一步分析资料，提出比较分析的假设。

比较研究的第四步就是比较阶段，在比较阶段里，要对并列阶段提出的假设按照同时比较来证明正确与否，然后做出一定的结论。

因此，在本书的比较研究中，确定比较的问题是运用比较研究法的前提；制定比较的标准是运用比较研究法的依据；材料的分类与解释是运用研究法的基础；比较分析是运用比较研究法的重心；得出结论是运用比较研究法的目的。

对于本书来说，重点在探讨欧美 STS 的不同。比较研究需要研究者尽可能保持价值中立的态度。比较研究只需要列举研究对象的异同，只做事实判断而不做孰优孰劣的价值判断。各有特色而不分胜负。最好尊重各自的传统，保持各自的特色，不必强求一律。因此，本书主要从思想起源、哲学观念、研究范式、研究方法、演化路径、存在问题、发展趋势等几个方面全面对两个传统的 STS 进行比较。为探求两种传统走向融合提供可能的途径。

第四节　创新之处

本书的创新之处如下：

（一）从 STS 研究的美国传统和欧洲传统出发，对 STS 的概念、研究内容做了重新的界定和阐释，并且认为目前西方 STS 研究存在的诸多争论其原因和指向都是欧美 STS 的不同研究传统。

（二）对欧洲 STS 研究传统与美国 STS 研究传统进行了较为细致的梳理，从研究起源、研究进路与哲学基础三个层面对欧美 STS 研究传统试图勾勒出一个整体的轮廓，并根据这三个层面对欧美 STS 的研究传统进行了系统的比较，指出二者的共通之处，但更重要的是区分了二者的不同。

（三）探寻两种传统走向融合的可能并对建构中国实践情景的 STS 研究进行了展望。通过对欧美 STS 研究传统的比较，指出了我国 STS 发展中存在的问题并认为这些问题一定程度上受欧美 STS 传统的分立的影响。整体上尝试提出建构中国实践情境的 STS 研究体系。

本书的创新点也就是本书的难点：

（一）STS 理论多元、流派繁杂，从哪些方面对两种传统进行梳理是本书的一个难点。梳理不是简单对文献的整理，需要站在一定的理论视角之上，要从大量的文献资料中梳理出一个清晰的思路，从这个角度上讲，理论视角的选择是一个重点也是难点。

（二）对两个传统从哪些方面进行比较也是本书的另一个难点。由于两个传统之间的界面模糊，很难做一个清晰的划分，比较过程中难免挂一漏万，因此确立好比较的切入点也是本书的一个重点和难点。

第二章　STS 基本概念与欧美比较框架

　　STS 是一本揭示了人的本质存在的书，科学、技术与社会（STS）的三个要素分别从三个层面揭示了人的本质。众所周知，关于人的本质的论述比较具有代表性的有三种，亚里士多德提出的"人是具有理性的生物"①；马克思提出的"人的本质就其现实性而言是社会关系的总和"②；还有传统的关于人的定义的解释"人是能够制造工具并使用工具进行劳动的高级动物"。从这三种定义出发，人的本质表现为理性、工具性与社会性。近代科学可以看作是理性的最高成就，工具可以看作是技术的典型代表，因此，可以将理性与工具性替换成科学性与技术性，这样，人的本质便展现为科学性、技术性与社会性（STS）上。人的主体性的获得、缺失与重构都体现在科学、技术与社会（STS）的关系之中。

第一节　科学技术与社会的关系的历史演进

　　根据现有文献，目前最早明确提及科学、技术与社会这一概念的是在 1938 年美国学者罗伯特·默顿的《17 世纪英国的科学、技术与社会》一书，尽管此书并没有成为 STS 产生的直接标志，但

---

　　①　［德］迦达默尔：《哲学解释学》，夏镇平、宋建平译，上海译文出版社 1994 年版，第 59 页。

　　②　《马克思恩格斯选集》第 1 卷，人民出版社 1995 年版，第 56 页。

其科学、技术与社会的提法却对20世纪60年代STS在美国的诞生并作为一门显学而产生重要的影响。但反观人类思想发展史，技术产生距今已有几百万年的历史，近代科学也从哥白尼的天文学的诞生为标志到现在有几百年的历史，科学和技术对人类社会的影响毋庸置疑，对科学技术与社会关系的研究也散见于许多思想家的著作中。但为什么作为明确研究对象的科学、技术与社会（STS）却诞生在20世纪，有的学者不禁要发出跟技术哲学的"历史性缺席"（吴国盛）一样的疑问，是否科学、技术与社会（STS）研究也存在某种"历史性缺席"？本节试图从历史上和逻辑上来追寻科学、技术与社会关系的演进历程并借此探讨科学、技术与社会（STS）的产生。

一 古代科学技术与社会关系的萌芽

从人类学和考古学来看，技术是与人类相伴而生的，判定人类诞生的标志之一就是直立行走的人掌握并有意识的使用了工具。陈昌曙也认为，技术与生产劳动同样悠久，人类的劳动是从石器的制造和应用起步的①。美国技术史学者乔治·巴萨拉对此也有同样的认识，他曾说技术与人类同样古老。技术从一诞生开始就对人的进化和人类社会的演化起着独特的作用，这也是造成人类社会跟动物界演化的不同方式的原因之一。虽然技术在人类社会诞生初期作用巨大，但在古代，工匠与手工业为代表的技术被认为是必要的但同时又是危险的，也就是说，技术在一定程度上是必要的，但技术的使用也会威胁个人道德和社会秩序的实现，因此，就需要对技术进行适当的限制。这一思想既可以在柏拉图的《理想国》中找到，也可以在《庄子·天地篇》的"报瓮汲水"的思想中看到。

科学在古代被认为是理论性或者反思性的知识，而不是以实践或者是生产的制作为指导的。长期以来，科学一直处于朴素、自

---

① 陈昌曙等：《自然辩证法概论新编》，东北大学出版社2001年版，第3—4页。

发、零散的阶段，表现为巫术的形态、表现为原始的宗教自然观形态、表现为自然哲学的形态。古代科学没有实现真正意义上的实验与逻辑相结合的近代自然科学。在这一时期，技术与科学基本上没有出现交集，是按照各自的轨道并行演化的。技术的发展既没有为科学的发展提供必要的物质手段，也没有成为检验科学理论物质生产的标杆。科学在这一时期也不可能给技术的发展提供理论化的支持，更不用说对社会生产的促进作用了。科学和技术被认为是一项不同的事业，它们有不同的主题、方法和外部规范。但是，同样应当看到，古代实用技术的发展为近代实验科学的萌芽也起到了推动作用。

按照殷登祥的观点，在这一时期，"由僧侣祭司统治的管理体制发展起来了，对人们的生活上的各种复杂活动进行组织。他们不但主导着科学的精神传统，而且对工艺技术的产品也享有组织掌握和分配的权力。"[①] 可见，古代社会体制对科学与技术有重要的影响作用。美国学者米切姆更是进一步将古代/前现代的这种科学、技术与社会的关系总结为两种含义："科学与技术是相互分离的，二者没有相互影响的关系；科学与技术最终受到社会或者国家的控制，并受他们治理。"[②] 从学科演进的逻辑上看，早期关于科学和技术的研究是"科学技术本质观的相对分离及科学学和技术论的独立发展的"，郑文范指出"科学技术活动主体与对象之间存在着严格的分界，科学家和工程师遵循各自的思维程序和技术规范，科学和技术发展的体制分别是科学共同体和技术共同体，很少实现对话与交流。"[③]

因此本书认为，古代科学、技术与社会（STS）的关系处于

---

① 殷登祥：《科学、技术与社会概论》，广东教育出版社 2007 年版，第 35 页。

② Carl Mitcham, "In Search of a New Relation between Science, Technology, and Society", Technology in Society, No. 4, 1989, p. 410.

③ 郑文范、于洪波：《论 STS 研究的逻辑进路和学科进路》，《自然辩证法研究》2010 年第 11 期，第 107 页。

萌芽时期，呈现为科学与技术的分离的状态，由于近代科学还没有诞生，科学技术与社会的三级关系主要表现为技术与社会的互动（TS）的二级关系，科学与社会的关系处在遮蔽状态；社会对技术的相容力要大于技术对社会的反向相容力。如图 2.1 所示：

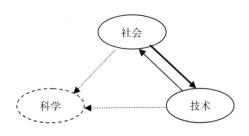

图 2.1　古代技术与社会（TS）的互动

二　近代科学技术与社会关系的发展

近代以来，自然科学逐渐从古代自然哲学中分化出来，形成更为系统化、理论化的知识，由此诞生了以实验科学为标志的近代科学。科学的诞生首先在思想领域对当时的社会产生了启蒙作用。一个又一个科学发现和科学原理不断的打破了中世纪宗教世界观对人思想的束缚，人的思想的解放又直接推动了生产的发展和社会的变革；其次，科学也逐渐显示出了对生产的巨大推动力，培根在当时就提出了"知识就是力量"的口号。随着科学研究的进一步深入和技术的进一步发展，科学的新发现不断拓展了人类生产对象的范围，科学原理不断增强了人类干预自然的技术手段，传统的经验型技术逐渐被以科学为先导的技术所取代。于是表现为科学通过技术间接显示了对社会生产的作用；最后，科学社团的出现也说明了科学开始作为一种社会建制而存在。科学研究不再单纯是学院派科学家研究的事业，而是组成了由科学家、工程师和企业家为群体的科学社团，成为建制化的社会事业，例如 18 世纪形成的英国皇家学会就体现了科学与社会实践之间的联系。

在这一时期科学与技术的关系日趋紧密，这不但表现为技术继续为科学的发展提供推动作用，更重要的一个特征是科学开始逐渐走在技术的前面，成为技术发展的先导。一方面技术的发明和进化需要科学的指导，随着新工业革命的开始，单靠以工匠技术为代表的技能型技术已远远不能满足技术生产的需要，技术需要更加精确的数据和更加标准化的操作方式，科学化了的技术则满足了日益扩大的生产需求；另外，科学的生产性目标逐渐明确。如果说第一次技术革命的时期的主要技术还是工匠们的经验积累的结果，那么第二次技术革命时期，科学已经走在了技术的前列，表现为任何科学原理的提出，总要在技术中实现其有效性才能被广泛认可。例如，伽利略的科学是一种技术与科学密切结合的科学，在伽利略的科学中利用了一些技术器具例如望远镜以及其他一些实验手段，而不仅仅是科学的推导。因而，通过技术产生的知识也展示了技术的可能性。而到了麦克斯韦时代，没有电磁原理的发现就不可能产生发电机和电动机。无怪乎贝尔纳指出，到了 19 世纪 50 年代时，科学已在偿付红利①。

技术在这一时期也显示了对社会的巨大推动作用。一方面，表现为新的技术发明的不断涌现，新技术不断应用到社会生产中去。蒸汽机的使用，化学在工业和农业中的应用，以及电力的使用，通讯技术等，都极大地提高了人类的生产效率，增强了人类改造自然的能力。在这一时期，人们普遍相信技术能够增加人类福祉，形成了一种乐观主义的技术决定论思维；另一方面，技术系统化、体系化的形成表明，技术逐渐演变成了一个具有自我逻辑的生长过程性的存在。近代工业革命以来逐渐形成了以蒸汽机、电动机等为主导技术的具有自主性、统一性、普遍性和整体性等特点的技术系统（埃吕尔②）。这种内部要素也是自我发展、自我增长的，并且其最

① ［英］贝尔纳：《历史上的科学》，伍况普等译，科学出版社 1981 年版，第 317 页。

② Jacques Ellul, *The Technological System*, New York：Continuum，1980，p. 108.

终的成长的动力是来自于技术系统内部的，而不是社会，这也就意味着技术最终是由技术自身决定的，技术本身描绘自己的发展路径。反映出这一时期，社会对技术的控制和影响作用较小。

对此，米切姆也有相似意见，他认为科学技术与社会的近代关系也可以总结出两层含义：（1）科学与技术走向融合并出现了二者的相互作用；（2）科学与技术或者科学技术看作是独立于社会的自主因素。它们不再受政治或者宗教的控制①。从学科发展的进路来看，这一时期分离的科学学和技术论的研究已经不能满足日趋统一的科学技术的现状，提倡从整体上对科学技术进行全面系统研究，探索整个科学技术体系的发展机制与规律的科学技术学作为一门完整的学科就成为了必要。

因此，在近代科学、技术与社会的关系已经由古代的技术与社会的两级关系发展为三级关系。其中，科学与技术对社会的作用更加明显，社会对科学与技术的作用还处在相对遮蔽的状态；技术与科学走向联合并且技术对科学起主导作用。这一时期的科学、技术与社会（STS）关系可以由如下图示说明：

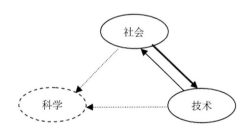

图 2.2　近代科学、技术与社会（STS）的互动

三　现代科学技术与社会关系的重构

进入 20 世纪以来，科学技术的迅猛发展为现代社会构造了一幅绚丽多彩的发展图景。科学、技术与社会之间的关系更加紧密，

---

① Carl Mitcham, "In Search of a New Relation between Science, Technology, and Society", *Technology in Society*, No. 4, 1989, pp. 410 – 411.

形成一个三相互动的整体。首先体现为技术与科学之间的界限越来越模糊，科学技术一体化的趋势日趋明显，以至于形成诸如"科技""科学"这样的新名词。一方面体现为技术的科学化，科学化的技术逐渐取代传统的经验技术而成为当代技术的主要显现形态，现代技术创新和技术发明创造都是建立在科学原理和科学理论基础之上的；另一方面表现为科学的技术化，从现代科学到技术之间的转化周期越来越缩短，某些前沿领域和高新科技研究从一开始就是带有技术目的的，例如生物医学、纳米科学、计算机科学等领域中，科学与技术之间的关系已经难以区分。但是从学术研究的角度来看，学者们更倾向于区分科学与技术的不同，但这一时期，诞生了专门以科学为研究对象的科学学与以技术为研究对象的技术论。

从科学与社会的关系来看，科学在这一时期已经成为一种建制化的存在。这具体表现为：首先，小科学变成大科学。尤其从"二战"以后，出现了以投资强度大、多学科交叉、需要昂贵且复杂的实验设备、研究目标宏大等为特征的大科学。在这种情况下，单靠科学家个人的智力、单一的筹资来源已经远远不能满足科学研究的需要，需要通过各种不同的联合包括科学家个人之间的合作、科研机构或大学之间的对等合作、政府间的合作以及政府与企业投资者之间的合作来完成。其中，各国政府组织主导的大科学研究往往在国际合作中占主导地位。科学具有了明显的社会化特征；其次，科技体制与科技政策的形成表现出了社会对科学的干预作用更加明显。随着科学的社会化程度的提高，科学研究的发生、发展已经不单单是科学自我内部的逻辑过程，从国家、社会的层面对科学的发展有了更多的引导、控制的作用。波兰尼那种所谓的"自主"的科学，被具有情境依赖的、外在主义导向的"学院"科学所代替。科技政策最早出现在"二战"时期的美国，万尼瓦尔·布什（Vannevar Bush）被聘为罗斯福总统的科学顾问，成为美国科技政策的开端。到 1957 年，艾森豪威尔宣布设立总统科学和技术特别助理（总统科学顾问），并成立由其领导的总统科学顾问委员会，美国最高决策层的科学咨询机制建立起来，这表明科学进入国家权力和决策的核心。

技术与社会在近代呈现为技术乐观主义与技术悲观主义的交替形成。一方面，技术在生产和经济发展中的重大贡献使得人们乐于相信技术无所不能并且在技术发展过程中产生的问题单纯依靠技术的力量就能解决；另一方面，人文主义者又表达了对技术的深刻忧虑，由技术发展带来的环境、生态人口等问题以及技术理性的昌盛所带来的重视效率而忽视人的精神家园的关怀等问题，甚至有人提出要回归田园牧歌式的生活。实际上这两种观点，表明了技术对社会的作用的"是其所应是"与"否其所应否"的两个方面。

米切姆较好地总结了科学技术与社会的后现代关系，他认为这一时期：（1）科学和技术应在一定程度上分离，不应让它们完全的相互决定对方；（2）社会或政治应在一定程度上是管理和控制科学和技术①。从 STS 的逻辑进路和学科进路来看，这一时期那种与社会分离的科学技术观陷入了逻辑困境，需要有一种新的将社会引入科学技术观的研究范式，即"科学技术与社会（STS）"。

本书认为"科学技术与社会的相互关系"作为科学技术与社会（STS）的研究对象已取得共识。它既不单纯关注社会中科学，也不单独研究社会中技术或者是现代科学技术条件下的社会，而是要研究这三者之间的关系，因此，STS 的研究对象是一个关系实体，而不是实在实体。所以 STS 的研究对象便可以拆解成科学与技术、科学与社会、技术与社会这三层两两相对的关系。众所周知，虽然在现代条件下，科学与技术之间的界限越来越模糊，呈现出一体化趋势，然而科学与技术在本质、研究方法、评价标准、研究主体、与社会的密切程度上仍存在着巨大的差异，在 STS 中，则表现

---

① Carl Mitcham, "In Search of a New Relation between Science, Technology, and Society", *Technology in Society*, No. 4, 1989, p. 412.

为科学与社会和技术与社会这两种不同关系的差异。因此，本书认为，科学与技术的关系问题，不仅作为技术哲学的重大问题而涉及到技术哲学和科学哲学的划界问题，还是 STS 的基础问题，只有认清科学技术之间的复杂联系和本质不同，才能更好地把握 STS 这个庞杂的学科体系。这一时期的科学、技术与社会（STS）关系如图 2.3 所示：

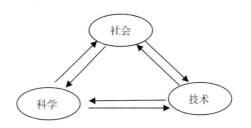

图 2.3 当代科学、技术与社会（STS）的互动

第二节 STS 基本概念释义及指向：
欧美 STS 两个传统

对科学技术的社会学术研究可以追溯到 19 世纪初。1837 年，威廉·惠威尔在英国出版的多卷本著作《归纳科学史》和《归纳科学哲学》可以看成是科学史和科学哲学产生的标志①。进入 20 世纪以来，科学技术广泛地渗透到社会的各个层面，自然科学的迅速发展需要高度的人文关注，自然科学与人文社会科学之间的交叉研究极为盛行，这使得自然辩证法的研究范围大大拓宽，并在七十年代开始围绕科学技术的社会、历史、文化等方面的研究形成广阔的研究领域，形成了诸如科学哲学、技术哲学、科技政策、科学社会学、科学史与技术史等学科。其中，科学史和科学哲学对科技与社会的研究做了开创性工作。科学史，从内

_____

① 夏禹龙、刘吉、冯之浚：《科学学的基础》，科学出版社 1983 年版，第 30 页。

史走向外史。科学哲学对科学知识的研究沿着两个方向发展，一个方向是任何有意义的问题都能够通过科学的方法加以回答，这个方向发展的结果是产生了科学主义；另一个方向探索怎样的社会状况才能促进科学知识的增长，这个方向发展的结果是产生了科学社会学。正是由于科学、技术与社会（STS）是由科学与技术、科学与社会、技术与社会这三层两两相对的关系所组成的网状形态，这更增加了围绕科学技术与社会（STS）的争论，难以形成共识。本书主要从对概念的不同理解和对 STS 的不同层面的外延归属上来阐释 STS 的争论，并指出这些争论的最终指向——欧美 STS 的不同传统。

一　STS 基本概念解析

明确 STS 的基本概念是进行欧美 STS 研究传统比较的逻辑前提。比较研究首先要明确的是进行比较的对象，进行比较的双方必须是同一类事物，处在同一范畴。也就是说，确定的 STS 概念使得欧美 STS 具备同一性的特点，是欧美 STS 研究传统能以比较的基础。那么作为英文缩写的 STS 到底指代的是什么呢，STS 的基本概念到底该如何定义呢？

从英语的词语用法上看，STS 指代了两个不同的词组：其中一个是 Science，Technology and Society（通常译作科学、技术与社会）；另一个是 Science and Technology Studies（通常译作科学技术学，本书在第一章有所阐述）。在通常状态下，二者是可以混用的。但是在二者的研究对象及从属关系上，国内外学者存在的争论和异议是较大的。

一种是将科学、技术与社会（STS）作广义解释，而将科学技术学（STS）的作狭义理解。美国学者福格桑（Fuglsang）所言，"科学、技术与社会（STS）是一个问题（或建制或活动），而且可以在研究、教育、立法方面加以建制化；科学技术学（STS）是

一种方法（或学科），标准是理论和方法论的。"① 我国学者殷登祥
也对此持赞成态度，认为"作为科学技术学（STS）的仅仅是作为
科学技术与社会（STS）的一部分，它们不是时间上的先后关系或
新旧关系，而是一种包含关系或整体和部分的关系，更确切地说，
科学技术学（STS）是科学技术与社会（STS）的理论部分"②。

另一种是将科学技术与社会（STS）作为科学技术学（STS）
的一部分，大部分的欧洲学者以及国内的曾国屏等学者持此种看
法。单纯从语义学的意义上来理解，科学技术学（STS）应该比科
学技术与社会（STS）包括的内容更丰富。

实际上，从词语上看，不论是 Science, Technology and Society,
还是 Science and Technology Studies，二者的区别不在 Science 也不
在 Technology 上，而在于 Society 与 Studies 上，正如安维复所言
"而 Studies 关键在于我们用什么样的研究纲领来审视科学技术。国
外学者有的用建构主义的一元论来研究科学技术，有的用理论与应
用的二元论来研究科学技术，有的用观念、器物和价值的三元论来
研究科学技术，有的用建构、语境、问题、民主的四元论来研究科
学技术。"③ Society 的关键在于是社会中的科学与技术，或者是科
学技术与社会这三者之间的相互关系。因此，从社会维度研究科学
技术的 STS 既可以表示为 "Science and Technology Studies"，也可
以表示为 "Science, Technology and Society"。这两种情形都是通过
社会语境的方法研究科学的技术现象或者技术科学的。二者的差别
在于，前者更加强调社会语境的科学技术研究，并把科学技术当作
社会活动。后者更加强调科学技术的社会、环境影响。或者说 STS
在美国表现为科学技术与社会（Science, Technology and Society）

---

① L. Fuglsang, "Information and Credibility Problems of STS and Technology Assessment", *Bulletin of Science*, *Technology and Society*, 1989, p. 293.

② 殷登祥：《科学、技术与社会概论》，广东教育出版社 2007 年版，第 350 页。

③ 安维复：《社会建构主义的更多转向——超越后现代科学哲学的最新探索》，中国社会科学出版社 2008 年版，第 72 页。

的形态，在欧洲表现为科学技术学（Science and Technology Studies）的形态。

实际上，对于 STS 表现为不同名词的缩写是英语习惯所带来的，根据 Jose′ A. Lo′pez Cerezo 和 Carlos Verdadero 的考察，在西班牙语中，则没有这种由于缩写的模糊性带来的困难，Science and Technology Studies 在西班牙语中译为 Estudios sobre Ciencia y Tecnolog?′a，其缩写是 ECT；Science，Technology and Society 译为 Ciencia，Tecnolog?′a y Sociedad，其缩写是 CTS。他们认为，ECT 主要研究作为社会过程的科学技术，即把研究重点放在形成这种科学技术的社会因素上，CTS 则更多的是关注技术—社会变革的活动家的解释上，即科学技术成果的社会和环境影响以及科学技术的教育和政策①。因此，作为科学技术与社会的 STS 与作为科学技术学的 STS 是两个相互联系而又相互区分的、各有研究侧重点，在研究方法上有相同之处的不同领域。

通过对 STS 不同语义用法的考察可以看出，不同学术背景、不同地域的学者对于 STS 的不同理解的差别巨大，这直接影响了对 STS 做出全面而合理的定义。实际上，迄今为止，学界也没有能给出一个公认的 STS 定义。

米切姆认为，"在美国兴起的科学技术与社会（STS）是以各种不同方式相互依赖和相互独立的变量，它是以科学技术与社会之间的关系为研究的交叉学科。科学技术与社会（STS）研究在最广泛意义上说，是努力在这些依赖和独立因素中为后现代世界发现新的平衡。"② 还有美国的罗伊认为科学技术与社会（STS）是致力于通过交叉学科的相互作用，了解科学、技术与社会相互关系的研究

① Jose′ A. Lo′pez Cerezo, Carlos Verdadero, "Introduction: science, technology and society studies – from the European and American north to the Latin American south", *Technology in Society*, No. 25, 2003, p. 155.

② Carl Mitcham, "In Search of a New Relation between Science, Technology, and Society", *Technology in Society*, No. 4, 1989, pp. 409 – 417.

领域，是一门新兴的交叉学科；第曲里奇与沃克尔认为科学技术与社会（STS）是一个考察作为概念或建制的科学、技术与社会之间相互作用的整体化知识领域；日本学者中岛秀人认为"STS 是指围绕科学技术的社会侧面进行的人文、社会科学研究。"①

殷登祥曾对 STS 做过一个比较一般性的定义，他认为："STS 是一门研究科学、技术和社会相互关系的新兴学科。它把科学技术看作是一个渗透价值的复杂社会事业，研究作为社会子系统的科学和技术的性质、结构、功能及它们之间的相互关系；研究科学技术与社会其他子系统如政治、经济、文化、教育等之间的互动关系；还要研究科学、技术和社会在整体上的性质、特点、结构和相互关系及其协调发展的动力学机制。"② 从这个定义可以看出，殷登祥所理解的 STS 是科学技术与社会（Science，Technology and Society），仍然没有较好的涵盖对科学技术学（STS）的理解。

而卡特克里夫（Stephen H. Cutcliffe）的思想或许更有启发意义，他并没有试图给 STS 作一个全面的定义，而是通过考察 STS 的任务来规定了 STS 的研究对象、研究范围等。卡特克里夫指出，"STS 领域的中心任务至今一直是诠释科学技术的社会过程，把科学技术看成是复杂的事业，其中文化、政治和经济价值观念促进了科学技术事业；反过来科学技术又影响了这些价值观念和形成它们的社会。"③ 但是从学术研究的角度来讲，概念的辨析是学术研究的基本前提。本书尝试给 STS 做如下定义：STS 是科学技术与社会（Science，Technology and Society）与科学技术学（Science and Technology Studies）这两个具有不同研究侧重点的范畴的缩写。其

----

① ［日］中岛秀人：《新科学技术论动向——STS 新领域的兴起》，日本物理学会论文，1991 年第 5 期，第 78 页。

② 殷登祥：《试论 STS 的对象、内容和意义》，《哲学研究》1994 年第 11 期，第45 页。

③ Stephen H. Cutcliffe，*The Emergence of STS as an Academic Field. Research in Philosophy and Technology：Ethics and Technlogy*，Greenwich：JAI Press Inc，1989，p. 288.

中前者大致属于美国传统上理解的 STS，它以科学技术与社会之间的相互关系为研究对象，研究主题分为三个层面：（1）社会的科学技术观；（2）科学技术的社会影响；（3）科学技术的社会机制。而后者大致属于欧洲传统的 STS，主要以社会中的科学技术为研究对象，是对科学技术的人文社会科学研究的统称。

二　STS 现存争论考察

STS 究竟是什么，既然学界尚无定论，到目前为止，最有代表性的观点主要有学科建制说、研究领域说、社会运动说等，本节就这几种观念进行简单介绍：

学科建制说。此种观点把 STS 当作一个新兴的综合性交叉学科，是当前 STS 中影响比较大的一种观点。例如，美国学者加里·鲍登和卡特克里夫①等都持有此种观点，并提出了 STS 作为一个学科存在三种学科范式，即多学科范式、交叉学科范式和超学科范式。

对于多学科研究范式来说，STS 研究大多采用一种"着眼于论题的方法"②，他们将科学技术作为相同研究对象的不同学科并列在一起，哲学、历史、经济学、社会学等不同学科都可以在 STS 的学科下聚集，但彼此没有明显的联系。多学科范式的 STS 需要运用自己特定的学科的方法和范式来研究科学和技术问题，正如罗伊指出的"以任务导向为主的工作适合使用多学科研究方法。它把所要解决的问题在管理上分成具有不同学科性质的组成部分，由不同学术共同体使用不同的技能，共同去解决问题"③。例如，默顿对

①　Stephen H. Cutliffe, *Ideas*, *Machines*, *and Values*: *An Introduction to Science*, *Technology*, *and Society Studies*, Boston: Rowman& Littlefield Publishers, 2000, p. 138.

②　[美] 希拉·贾萨诺夫等：《科学技术论手册》，盛晓明等译，北京理工大学出版社 2004 年版，第 52 页。

③　Franz A. Foltz, *Origin of an Academic Field*: *The Science*, *Technology and Society Paradigm Shift*, Lanham: AltaMira Press, 1988, p. 16.

科学的制度结构的研究从社会学中汲取了分析资源（理论、概念、方法上）就是这种方法的典范，并最终分化形成了科技相互融合的新学科，如科技哲学、科技史、科技经济史和科技社会学等新的学科。按照加里·鲍登的解释，多学科研究的主要特征是：（1）要关注某个特定的实质性论题，即科学或技术的某一方面；（2）重视数据收集和数据分析；（3）不关注解释的方法。多学科的 STS 研究实际上不是真正意义上的 STS 研究方法，在很大程度上它还保留了原有学科的研究范式，但是由于 STS 的力量，可以使很多学科从不同的角度研究同一的科学技术问题。

对于交叉学科范式来说，STS 研究者大多采用一种"着眼于综合的方法"①，他们将两个以上的不同学科围绕一个共同课题进行研究。与多学科研究不同的是，在交叉学科范式下，STS 会逐渐形成一些自己的研究方法，例如建构主义对科学知识的研究策略等。并且，这种交叉学科方法还假设了"一种为所有参与者所共享的研究文化（即概念、方法和知识论）"②。它们将持有不同概念、方法和理论的人聚集在一起，相互交流，相互影响，每个人的工作都是整体的一个有机组成部分。罗伊指出"交叉学科方法则是一种持续的相互作用的研究或学习模式。它是以研究者或学习者为主导，所采用的一种研究方式，研究者需要应用一个或一个以上其他学科的思想、概念、资料或手段才能实现一个特定的目的或任务。"③ 也就是说，各个学科的研究要成为 STS 运动的有机组成部分，构成一个相互联系的整体。但是交叉学科的方法通常是由几种不同的学科演化而来，不同视角之间的联系还比较脆弱，处于"弱范式"的交叉学科研究。

---

① ［美］希拉·贾萨诺夫等：《科学技术论手册》，盛晓明等译，北京理工大学出版社 2004 年版，第 52 页。

② 同上书，第 53 页。

③ Franz A. Foltz：*Origin of an Academic Field：The Science，Technology and Society Paradigm Shift*，Lanham：AltaMira Press，1988，p.16.

超学科范式，大多采取一种"着眼于分析性问题的方法"①，意味着它已超越了多学科与交叉学科，是多学科与交叉学科发展的未来阶段，其目标是要创立一个能影响许多学科的理论体系，形成统一的 STS 学科研究范式，有明确的 STS 研究纲领，形成完整系统的 STS 理论。是一种"强范式"的 STS 研究。这应当是今后应努力的目标和方向。就我国学界来说，STS 作为一种多学科研究和交叉学科研究模式也成为学者普遍的共识，目前主要争论的焦点在于 STS 应不应当，并且能否成为一种具有统一范式的超学科问题。

第一种观点，把 STS 看作是一个独立的学科，并且认为 STS 有统一的研究方法。其中美国的卡特克里夫、卡尔·米切姆、罗伊、沃尔蒂等人是这一观点的代表，受到美国 STS 学科派的影响，殷登祥也坚定维护这一观点，认为"STS 是一门研究科学、技术与社会相互关系的规律及其运用，并涉及多学科与多领域的综合性交叉学科"②。他还提出了 STS 研究的一般方法与特殊方法，一般方法包括 STS 的关系律、价值律、和谐律；STS 的特殊方法包括社会建构方法、科学技术的情景分析法、科学技术社会影响的技术评估法、技术预见方法等③。肖峰也赞成 STS 是一门独立学科的看法，认为"作为一门新兴的交叉学科，STS 研究科学、技术与社会相互关系的规律及其应用……STS 是关于科学技术与社会关系的一门学科，是一门综合性的新兴交叉学科"④。无独有偶，持这种观念的 STS 学者一般主张将 STS 的研究内容分为理论 STS 和应用 STS 两大部分。还有的学者将 STS 分为本体论的 STS 研究与认识论的 STS 研究，认为本体论的 STS 研究是以科学、技术、社会作为客观的社会

---

① ［美］希拉·贾萨诺夫等：《科学技术论手册》，盛晓明等译，北京理工大学出版社 2004 年版，第 53 页。

② 殷登祥、［英］威廉姆斯：《技术的社会形成》，沈小白译，首都师范大学出版社 2004 年版，第 4 页。

③ 殷登祥：《科学、技术与社会概论》，广东教育出版社 2007 年版，第 349 页。

④ 肖峰等：《现代科技与社会》，经济管理出版社 2003 年版，第 1—20 页。

对象，探讨三者不以人的意志为转移的相互关系，而 STS 的认识论或者知识论研究则是科技和社会的知识作为研究对象，从而探讨科技知识、人文科学和社会科学之间的三层相互作用的关系。

第二种观点，把 STS 当成一种元研究性质的学科，但还是真正意义上的超学科，认为 STS 正在朝向一种超学科的方向发展。他们认为把 STS 看作是具有元研究性质的学科是必要的，但对能否成为一种超学科持保留态度。持此种观点的学者主要有曾国屏、刘华杰、李正风、丁长青等人，例如曾国屏认为，STS 学科名称应当是科学技术学（Science and Technology Studies），它是"从人文社会科学的角度对科学技术的活动和发展进行研究"，包含了科学的社会研究（Social Studies of Science，对科学社会维度进行的研究），和科学的文化研究、科学的政治研究、科学的伦理研究等方面的内容[①]。可以看出，持此种观点的学者大部分都赞成科学技术学（STS）为 STS 的学科名称的观点，实际上，对于科学技术的 Study（研究）从意义上讲跟 Research（研究）是不同的，Study（研究）是以科学技术本身为对象而 Research（研究）是以科技活动的对象（自然界或人造物）为对象的"研究"。如果前者相对地是以问题为中心的话，后者就主要是以学科为中心，它将传统的科学哲学、技术哲学、科学社会学、技术社会学、科学史、技术史等学科整合在一起，形成以科学技术为对象的人文社会科学研究，目前被一些学者建议表述为"科学技术学"或"科技元勘"[②] 等。实际上，不论是"科技元勘"，还是"科学技术论"，或者是"科学技术学"，都把 STS 作为相对独立的学科，一个与哲学、社会学、历史学、经济学等并列的学科。

在安维复看来，关于科学技术的元研究有两种含义：其一，在

①　李正风等：《科学技术学学科建设发言摘要》，《山东科技大学学报》（社会科学版）2003 年第 3 期，第 14—17 页。

②　肖峰等：《现代科技与社会》，经济管理出版社 2003 年版，第 2 页。

对象上超越于具体学科（特指具体的自然科学和技术学科）之上或者以具体学科（特指具体的自然科学和技术学科）为研究对象；其二，在方法论上超越具体学科（特指人文社会科学如哲学、社会学和历史学等等）①。因此，对于 STS 研究而言，元研究是绝对必要的，但关键是我们是否能够创造出属于 STS 的研究之"元"。

如果将上述 STS 研究的关于超学科的两种观念联系起来，本书认为在 STS 学科化的发展过程中，人们对科学技术与社会的相互作用的认识经历了一个否定之否定的过程。因此，在 STS 的学科建制说看来，不论是独立学科，还是学科的"元研究"，或者是"学科群"甚至也不论是科学技术与社会（STS）还是科学技术学（STS），问题的关键还是 Studies，还是我们进行 Studies 时所依仗的"研究纲领"。

研究领域说。顾名思义，此种观点的学者把 STS 看作是一个研究领域而反对将 STS 学科化。这种观点跟 STS 是一个学科群的观点是相近的。持这种观点的学者认为与其他比较成熟的学科相比，STS 并没有公认的奠基者、代表性学者以及经典著作，吴国盛将 STS 的出现与中国的自然辩证法相类比，认为是某种基金和体制运作的结果，而不是对科学技术史、科学技术哲学、科学技术社会学的某种替代学科，他说"正像我不把作为'大口袋'的自然辩证法看成一个学科而看成若干学科的混成一样，STS 也是如此，并不是一个单一的学科。虽然科学史、科学哲学、科学社会学是一门学科，科学学也可以说是一门学科，但 STS 就不是一门学科。"② 安维复也把 STS 当成一种包容诸多相关学科的总称，并形象地称之为相关学科之集合的"独联体"。按照这种理解的 STS 实质上就是科

---

① 安维复：《社会建构主义的更多转向——超越后现代科学哲学的最新探索》，中国社会科学出版社 2008 年版，第 73 页。

② 吴国盛：《北京大学科学的社会研究论坛》［EB/OL］.（2008 – 12 – 05）［2012 – 02 – 03］.

http：//www. phil. pku. edu. cn/personal/wugsh/fields/thinking/12. htm

技哲学、科技社会学、科技历史学和科技政策学等相关学科的"学科群"。这种观点的优势在于，能够加强 STS 与相近学科的相容性，缺点在于学科群之间联系较为松散，缺少共同体和研究范式，学术生存的生命力不强。在安维复看来，这种观点有助于 STS 对其他相关学科的兼容，但我们很难识别这种学科群赖以生存和发展的科学共同体或研究传统。或者说，如果我们不给 STS 开发出具有最高原则意义上的科学共同体或研究传统，我们就很难保障作为学科群的 STS 具有内在统一性的思想规范[1]。持此种观点的学者们一般认为，不能把 STS 理解为某个单一的学科，而应当看作一个对科学技术进行多维视角审视、多种途径探索的学科群[2]。

同样的，如果从社会情境来描述 STS 的话，那么 STS 就是一个研究领域而不是一个学科。在这种情境性观点中，STS 认为科学技术既不是自主的力量也不是中性的工具。相反，科学技术是在特定情景中形成的负载价值的社会性过程——由社会塑造反过来也影响社会，塑造着文化、政治和经济组织中的人类价值[3]。

不仅如此，还有不少学者在描述 STS 的属性的时候的用法是领域而不是学科，例如，瑟乔·西斯蒙多（Sergio Sismondo）曾说，"对于 STS 而言，科学技术是鲜活的程序，值得研究。这个研究领域考察的是科学知识和技术造物是如何被建构的。知识和器物是人类产品，因而无不打上生产环境的印记。粗略地说，有关知识的社会建构的要求不承认物质世界在知识的制造过程中发挥什么作用。"[4] 徐飞教授在对 STS 的统计中提到，"在网络搜索引擎 google 中按照关键词 Science Studies 做一般搜索，发现 STS 已经成为一个

---

[1] 安维复：《社会建构主义的更多转向——超越后现代科学哲学的最新探索》，中国社会科学出版社 2008 年版，第 73 页。

[2] 许为民：《走近科学技术学》，科学出版社 2008 年版，第 1 页。

[3] Stephen H. Cutcliffe, Carl Mitcham, *Visions of STS*, New York：State University of New York Press, 2001, p. 3.

[4] Sergio Sismondo, *An introduction to science and technology studies*, Oxford：Blackwell Publishing, 2004, p. 10.

相当活跃的研究领域。"① 可见，STS 作为一个研究领域是受学者
认可的。

众所周知，STS 研究首先出现于英国和美国。产生的直接原因
有两种文化的争论、生态危机和对越战的反思。它以鲜明的价值观
和目的作为前提，从这个角度上说，它与其说一个学科，不如说是
一个纲领，是科学史、科学哲学、科学社会学、科学经济学、科学
政治学、科学法学、科学人类学等相互渗透与相互作用的产物。它
的研究对象是科学、技术与社会的关系；对此学界一致认为，科学
与技术是社会的活动而非个人的活动。并进一步认为，科学与技术
是全人类的事业，是关系国家的生存与发展的战略产业。

由于科学和技术在社会发展中日益成为一种决定性的力量，在
科学与社会的关系方面总有层出不穷的新问题需要加以研究，因此
近几十年来，从不同的学科、从不同的方位又有许多与STS 相关的
研究领域应运而生，形成了数量相当多的研究领域群。曾有学者列
举 STS 包含的研究领域如下：科学、技术与发展，科学、技术、经
济与社会，科学、技术与教育，科学、技术与经济，科学、技术与
伦理，科学、技术与政治，科学、技术与政策，科学、技术与公共
政策，科学、技术与法律，价值、技术、科学与社会，科学、技术
与价值，科学、技术与文化，科学、技术与美学，科学、技术与人
类学，科学的文化研究，科学的社会研究，科学的历史研究，科学
的哲学研究，技术的哲学研究，技术的社会塑造等②。

社会运动（Social Movement）说。如果说前两种观点的 STS 是
一种学术研究的话，那么社会运动说的 STS 则是一场实践导向的活
动，即把 STS 看作是一种社会运动，持有此观点的人多来自社会活
动家领域，赞成把科学技术与社会的相互关系看作是 STS 的研究对

---

① 徐飞：《科学技术学：一个值得关注的新领域》，载李正风《走向科学技术
学》，人民出版社 2006 年版，第 69—74 页。

② M. Bridgstock，D. Burch：《科学技术与社会导论》，刘立等译，清华大学出版社
2005 年版，第 21—28 页。

象也即赞成美国的科学技术与社会（STS）的概念。强调实践导向
是美国 STS 的重要特点，他们认为 STS 运动的范围广阔，一切跟科
学技术与社会相互关系的实践活动包括从反思科技后果的社会运动
（和平运动，环境运动，消费者运动，反战运动）到国家对科技的
干预，从公民的科学素养到科学传播，从 STS 教育到 STS 的科技政
策都属于 STS 运动的范围。

　　正如社会学家 Susan Cozzens 指出的，不要把 STS 看作是一种
研究领域或学科，而是要看作是一种运动①。STS 实际上是提供了
一种多学科或多种 STS 实践交流的平台。对于大多数学者和活动家
而言，STS 被看作是审视科学—技术—社会交互关系的平台，正如
David Hess 所说，STS 已经变成了公开讨论重要问题的场所。这就
是说，STS 并不寻求提供现成的答案，而是为一切相关人员提供空
间和某种框架来讨论并致力于更民主参与式的解决问题②。

　　卡尔·米切姆在反思美国 STS 运动时提到，"STS 的兴起是与
社会中的科学和技术直接相关。STS 作为社会运动的出现是理解和
应对这些挑战与反映（对这些挑战所做出的反映）的一种重要尝
试。这样，STS 本身挑战传统的科学技术观以及人们对这种科技观
的态度（即对科学技术的变化做常规理解，以及对这种变化做无
知的或者狭隘的理解）。STS 接受了科学技术对社会影响这样的挑
战。STS 本身也挑战从 16 世纪以来对世界历史变革的做非批判性
的传统观点，并且随着进入 21 世纪而成为最强音"③。由此可见，
STS 作为社会运动最开始是反技术的，STS 运动的蓬勃发展正是由
于对科学技术进行理性反思和现实批判而实现的。

---

①　Stephen H. Cutliffe, *Ideas*, *Machines*, *and Values*: *An Introduction to Science*, *Technology*, *and Society Studies*, Boston: Rowman& Littlefield Publishers, 2000, p. 49 – 50.

②　Ibid., p. 137.

③　Stephen H. Cutcliffe, Carl Mitcham, *Visions of STS*, New York: State University of New York Press, 2001, p. 2.

三 争论的指向：欧美 STS 两个传统

从前面两节的论述已经看出，关于 STS 的诸多争论，其指向都是欧美 STS 不同传统，STS 的这两种学术传统之间的差异是多方面的，其中关于 STS 概念界定上的分歧最为根本。不同知识背景、学术观念、研究旨趣的主体，对社会背景中的科学技术现象的关注点往往出入较多、分歧较大。对 STS 本质理解的两种学术传统在研究重心上的差异，简而言之，分析哲学传统或实证论传统"在科学技术中看出了对人类力量的确认和对文化进步的保证"，把人的技术活动方式看作是了解其他各种人类思想和行为的范式①；而人文主义传统或实用主义传统，则侧重于对技术价值的评判，它"用非技术的或超技术的观点解释技术的意义"，觉察了人类与技术之间的冲突，他们确信技术危及人类自由，认为"人的本质不是制造的，而是发现或解释的"②。这两种学术传统呈现在我们面前的是研究范式或内涵各异的理论形态。

STS 的不同理解造成了诸多争论和学科归属上的混乱，与传统学科相比，STS 多元化的知识源泉是前所未有的，不仅源自于多学科的知识积累和理论储备，而且源自于当时发生的社会运动对科学与社会问题的讨论和关注。并且 STS 多样化的知识开端，赋予了它以独特秉性，即 STS 研究进路的多样性和差异性。这种差异性，总体看来实际上是欧洲和美国两种传统的分立。就像技术哲学从一开始就存在工程的技术哲学和人文的技术哲学两种传统一样。例如吴永忠认为，美国的 STS 偏向于"科学、技术与社会"这个方向的探索活动，英国的 SSK（Sociology of Science Knowledge，科学知识社会学）可以看作是倾向于"科学技术研究"含义的理论研究。

---

① Don Ihde, "Philosophy of Technology 1975 – 1995", *Society for Philosophy & Technology*, No. 1, 1995, p. 3.

② ［美］卡尔·米切姆：《技术哲学概论》，殷登祥等译，天津科学技术出版社1999 年版，第 17—20 页。

在近半个世纪的探索发展中，出现了美国的 STS 和英国的 SSK 这两种 STS 的研究传统。美国的 STS 突破了过去研究科学技术较少联系社会的状况，从关注现实问题出发而展开的探索活动。英国的 STS（主要是 SSK）发展出了一种把科学技术置于社会情景中的生动分析，形成了研究科学技术的新的理论视野——建构主义视野①。STS 在诞生之初就已经出现了欧洲建构主义与美国实用主义两种传统分裂的端倪，并在 STS 产生之后一直沿着这两条路径发展、演化。因此，面对 STS 目前的争论较多的现状，与其陷入这种纷繁复杂的争论中，莫不如采取悬置 STS 研究中的各种争论的方法，而将这些争论形成的原因归为欧美不同 STS 研究传统所形成的。而比较欧美 STS 研究传统也就成了厘清 STS 目前的诸多争论，从而探索 STS 本真精神的重要途径。

第三节　欧美 STS 研究传统的比较基础

由于欧美传统的 STS 研究的侧重点不同，在概念基础以及认识思路上的差异，使两种 STS 的研究传统在某些方面具有本质区别，但某些方面二者又是相互关联的统一体。总体来说，欧洲传统的 STS 与美国传统的 STS 既存在区别，又互相渗透，两种认识思路既存在本质区别，也在一定程度具有互补性。但这不是本书研究的重点，正如黑格尔所言，"假如一个人能看出当前即显而易见的差别，譬如，能区别一支笔与一头骆驼，我们不会说这人有了不起的聪明。同样，一个人能比较两个近似的东西，如橡树与槐树、寺院与教堂，而知其相似，我们也不能说他有很高的比较能力。我们所要求的，是要能看出异中之同和同中之异。"② 本书的主要工作在

———————

① 李晓峰、吴永忠：《论 STS 的两种研究传统》，《哈尔滨学院学报》2008 年第 3 期，第 21 页。

② ［德］黑格尔：《小逻辑》，商务印书馆 1981 年版，第 253 页。

于区别欧洲与美国这两个极为相近的 STS 研究传统的求异比较，通过比较欧美 STS 研究传统的不同属性，从而说明二者的不同，以发现欧美 STS 发生发展的特殊性。

一 欧美传统 STS 分立的确证

欧洲传统 STS 和美国传统 STS 本质上是两种不同的关于科学技术人文社会科学研究的理论体系，虽然在科学观解释上，尤其是对科学知识的稳定性解释上似乎欧洲传统的 STS 更具说服力，但是从总体上看，归根到底美国传统的 STS 是研究科学技术对社会影响的后果评价和社会制度、社会机制对科学技术的反馈作用的理论。两种 STS 研究传统的差异性较大，在差异性方面可以简单叙述如下：

（一）关于研究对象的论述不尽相同。

美国传统的 STS 研究对象是"科学、技术与社会之间的相互关系"这一点已经取得国际、国内学界的共识，是没有异议的。在美国传统的 STS 中，它不单纯研究社会中的科学，也不唯一关注社会中的技术，也不是研究科学技术化的社会。而是要探寻现代科学技术条件下的科学、技术与社会这三者的两两相对的互动关系。因此，其研究内容比较丰富，在殷登祥看来，主要包括"宏观层面上有，科学技术的社会影响和后果，以及与之相关的科学技术的预见、评估和干预；科学技术影响社会发展的程度、过程和机制。在微观层面上有科学技术对经济、文化、教育、政治、法律等社会各个具体领域的影响，以及科学对人的生活方式、交往方式、思维方式、道德伦理、价值观念的影响，还包括新科技革命及科学技术的双刃剑观点等等。"① 对于欧洲传统 STS 的研究对象，学界也无大的争议，基本认为是对"科学技术的人文社会科学研究"②。强调把科学与技

---

① 殷登祥：《科学、技术与社会概论》，广东教育出版社 2007 年版，第 172 页。
② 郭贵春、成素梅、马惠娣：《如何理解和翻译 "Science and Technology Studies"》，《自然辩证法通讯》2004 年第 1 期，第 106 页。

术置于复杂的西方社会建制的互语境化（Inter – Contextualization）的过程中进行考察。其研究内容在殷登祥看来主要包括"关于科学技术观的哲学、史学和社会学研究；关于科学技术的政治、经济、文化、法律、心理等研究科学技术发展的社会要求、条件与目标等，科学发现、技术发明的经济化过程，公众理解科学等"①。

（二）关于二者研究开端的不同。

亨利·鲍尔明确提出"STS 源自于几种决不能完全结合的开端"，他分析到，从人文学科出发，至少可以区分出两种明显不同的 STS 的理论来源。一种是学术智力的推动力，从库恩的实在论和历史主义出发，对科学的哲学理解出现了外在主义导向的转变，按照库恩的观念，在社会语境中要对科学有足够的理解，就需要科学哲学家同历史学家、社会学家和其他探寻科学成功的解释及其对那种成功的合理标准进行解释的人共同努力。这种研究，在英国被叫作"科学的社会与文化研究"，在美国则叫作 STS。另一种知识的开端是 20 世纪 60 年代的激进运动，其中的一部分转向对科学作为技术社会产生的负面影响的批评（甚至是反对科学本身）。其讨论的范围包括"科学与社会"的问题：环境污染、核能问题等②。

李真真教授在分析 STS 开端的时候认为，STS 兴起可以从社会语境和理论渊源来考察，从社会语境上来看，普莱斯命题引发的争论、围绕理科教育的论战以及一系列的社会运动的影响是 STS 诞生的社会语境；从 STS 兴起的理论渊源上来看，主要有默顿的科学社会学、贝尔纳的科学学进路、普莱斯的科学计量学、科学哲学的历史主义思潮③。这种不同的开端造成了 STS 在欧洲与美国不同研究路径的分化。

---

① 殷登祥：《科学、技术与社会概论》，广东教育出版社 2007 年版，第 173 页。
② ［美］奥利卡·舍格斯特尔：《超越科学大战——科学与社会关系中迷失了的话语》，黄颖、赵玉桥译，中国人民大学出版社 2006 年版，第 55—57 页。
③ 李真真：《STS 的兴起及研究进展》，《科学与社会》2011 年第 1 期，第 61—67 页。

（三）关于二者的理论发源也不相同。

清华大学吴彤教授认为，对于 STS 的社会认识论以及其他哲学基础有关的发展，有两个不容忽视的传统或者趋势影响。第一，欧陆以解释学为主的哲学传统的影响；第二，英美哲学传统中的自然主义认识论的影响①。由此可见，STS 的理论发源主要是两种，一种是源于科学哲学发展的对科学现实境遇的自我反思，观察负载理论，库恩的历史主义，以及后维特根斯坦的影响，都可以看作是这种 STS 来源。因此，这种 STS 更多的是从理论内部来反思科学的实在性、本质性等，进而转向对技术的考察，因而具有较强的理论色彩和学院派特征。他们的研究有比较成熟的范式，范式之间的演变与转换的思路都比较清晰，基本是科学哲学的 STS 研究。而另一种 STS 基本遵循了技术哲学发展中对技术负面效应的批判，更加注重技术给社会带来的影响，并使得规避消极影响，发挥积极效应。进而再转向对科学的社会效应的考察。这种 STS 注重实效，对科学技术的伦理的、政策的、政治的考察是其主要框架，因此，这种 STS 容易形成交叉学科，没必要也不可能把这一传统的 STS 整合成一个学科，而应当成为研究社会语境下科学技术互动关系的一个平台。

二 欧美传统 STS 的一致之处

虽然本书主要探讨欧美 STS 研究传统的不同点，但这不代表欧美 STS 研究传统没有共同点。相反，欧美 STS 研究中存在的大多还是共同点，并在实际研究传统中难以区分。并且，随着欧美 STS 研究的深化和交流的增多，这种区分正在日渐缩小。但在比较研究中，同一性和差异性是在各种事物之间普遍存在的一种客观联系，这种同一与差异是进行比较研究的基础。正是欧美 STS 在基本范

---

① 吴彤：《试论 S&TS 研究的哲学基础与研究策略——从科学实践哲学的视野看》，《全国科学技术学暨科学学理论与学科建设 2008 年联合年会清华大学论文集》，北京，2008 年，第 8 页。

畴、研究方法、研究思路上存在一致性和互补性，才使得欧美 STS 的比较能够在一个逻辑体系下进行成了可能。

（一）两种传统的一致性

无论是欧洲传统的 STS 研究还是美国传统的 STS 研究的共同点都是强调 STS 研究的交叉性和跨学科性的特色，突出人文学科和社会科学对科学与技术研究的渗透。在基本研究范畴上，二者都坚持否定将科学技术的社会语境剥离开来，无论是建构论的技术研究还是实用主义的科学观都强调科学技术的社会语境。在研究方法上，二者都是对科学技术等社会现象的或是哲学的、人类学的、史学的一般意义的抽象研究，区别于自然科学方法对科学技术的研究。在研究思路上，无论是从科学社会学到科学知识社会学，还是从技术决定论到社会建构论，都遵循了一种从内在主义导向到外在主义导向、从宏大叙事到微观描述的研究进路。

（二）两种传统的互补性

欧洲传统的 STS 与美国传统的 STS 分别从不同的认识路径去探究科学技术运行中的社会规律。对应的出发点以及方法论也不同，采用欧洲和美国的传统划分，实际上指的并不是所有欧洲的 STS 学者就一定属于欧洲传统，美国的 STS 学者就一定属于美国传统，而是分取了欧洲学术研究浓厚的学院派风格，注重理论研究的学术风气与美国的学术研究具有较强的现实性与开放性的特点。这样说来地域名词在这里算是一个学术传统的隐喻，用以区分两种不同特质的 STS 风格。二者在研究范围、研究方法上是有交叉的。正是这样的交叉却为从不同方面全面探究 STS 的基本理论奠定了基础。正如马克思哲学理论中的辩证法所论述的一样，客观事物往往具有两面性、二重性，从科学技术与社会之间的认识思路出发探究科学技术运行的内在规定性，并有效吸收以社会中的科学观与技术观为研究中心的认识思路而研究得出的结论，更有利于全面把握 STS 研究的不同传统。总体来说，欧洲 STS 是以社会中的科学与技术的人文社会科学研究为中心的，从而得出科学技术是社会建构的产物，使传统的科学技术观由表征走向实践、由本质主义走向相对主义，具有一定的借鉴意义。美国传统的 STS 是以科学技术与社会的相互作用的关系为研究中心，重在研究科学技术的社会影响及其评价，揭示了社会是科学技术进化的影响。殷登祥通过对威克斯关于 STS 欧美两种传统的分析提出了两者的互补性。他说，STS 学者的成果对于活动家是非常有益的，这些成果剥掉了科学技术神秘的面纱，还它们以本来的面目，还揭示了科学技术固有的职责。科学技术看起来像一个庞然大物，实际上像人一样，而且是易受责难的。另一方面，活动家对于学者也是有帮助的。STS 学者仍保留着许多学院式的外部标志，例如用于产生公认的客观知识的经验主义纲领。因此，他们的纲领，像技术社会知识产业的任何组成部分一样，也可以接受 STS 活动家的分析批判①。

因此，这两种传统的 STS 从理论与实践上分别揭示了科学技术与社会互动的两个层面，相得益彰，从这个方面比较分析也彰显了STS 理论的全面性和整体性。

三　欧美传统 STS 的比较维度

确立欧美 STS 研究的两个传统的比较维度是本书的核心，只有在确定了从哪几个点进行比较之后，这样对欧美 STS 研究的传统才能有更清晰的认识和定位。从掌握的现有资料来看，欧美 STS 研究有诸多不同，可以用一个列表来表示：

进行比较研究，无非采取两种比较维度，一种是横向比较；一种是纵向比较。从横向比较上来看，就需要分别对欧洲和美国 STS进行同层次的分类整理，并找出其能够相对应的思想进行比较分析，例如，对欧洲和美国 STS 都包含的科学社会学思想进行比较，然而欧美 STS 研究学派林立、思想繁杂，难以罗列出全部的欧美

---

① 殷登祥：《科学、技术与社会概论》，广东教育出版社 2007 年版，第 122—123页。

表 2.1   欧美传统 STS 不同点列表

	欧洲传统 STS 研究	美国传统 STS 研究
英文名称	**Science and Technology Studies**	**Science，Technology and Society**
诞生时间	**20 世纪 60 年代末**	**20 世纪 70 年代初**
代表先驱	查尔斯·斯诺	蕾切尔·卡逊
研究对象	社会中的科学与技术	科学、技术与社会的相互关系
代表观点	科学技术是社会建构的产物	"科学技术是双刃剑"
代表人物	布鲁尔、拉图尔、伍尔伽	米切姆、卡特克里夫、罗伊
学术派别	爱丁堡学派、巴黎学派	无明显派别
研究特色	重视理论研究	重视实践研究
学术起源	科学社会学	科学技术的批判与反思
研究进路	科学社会学－SSK－后 SSK	技术决定论—社会建构论
哲学基础	现象学—解释学	实用主义—后现象学

STS 基本学派与观点，并进行比较。例如，卡特克里夫曾经从 STS 研究、STS 教育和科学、技术与公共政策三个方面对欧洲和美国 STS 进行了比较分析，认为（1）STS 研究。欧洲 STS 研究早于美国的 STS 研究。欧洲 STS 倾向于聘用较少的教员和招收较少的研究生，欧洲的 STS 研究比美国更重视 STS 共同体的合作导向；（2）STS 教育。欧洲更加重视 STS 的研究生教育而美国仅在大学本科水平上；（3）科学、技术与公共政策。美国的科学、技术与公共政策（STPP）要早于欧洲的 STPP 计划，美国 STS 侧重在科学技术政策方面，而欧洲 STS 侧重在技术管理和技术创新研究上[①]。但从实际比较的效果来看，STS 研究、STS 教育与 STPP 只是欧美不同传统 STS 中的一部分，不足以涵盖欧美 STS 的全部，这种从外延上将欧美 STS 研究分门别类然后进行比较分析的方法是行不通的。

另外一种比较方法是将欧美传统的 STS 视为一个整体，本书认

---

① 殷登祥：《科学、技术与社会概论》，广东教育出版社 2007 年版，第 118 页。

为，从 STS 的整体视角以其历史渊源、研究进路、哲学基础等几个层面纵向分析比较，探究欧美传统的 STS 在其思想起源与进路上的不同，最后追问其造成起源与进路不同的哲学基础的差异的比较方法是可行的。如图 2.4 所示：

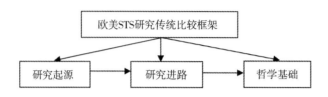

图 2.4   欧美 STS 研究传统比较示意

STS 研究传统比较的这三个维度之间具有内在的逻辑关系，欧美 STS 的研究起源的差异决定了欧美 STS 在研究进路上的不同，欧美 STS 的不同观点、研究特色、研究方法、演化路径、哲学观念等的不同则蕴含在欧美不同的研究进路和哲学基础上，欧美 STS 研究的不同的哲学基础则决定了欧美 STS 研究在起源与进路上的不同。

第三章　欧美 STS 的产生语境：
起源之比较

要对欧美 STS 传统进行比较，首先就要从起源上进行。通过上一章对 20 世纪以来科学、技术与社会相互关系的考察，不难发现，不管是作为一门学科建制还是作为一项学术领域的 STS 的产生都有其特殊的社会背景、深刻学术来源和显著的先驱人物。与其他学科不同，STS 可以说是诞生在后现代时代背景下的一门知识领域，其多元化智力来源和理论多样性是空前的，这不仅来自于众多学科诸如科学哲学、社会学、政策学、人类学、心理学等对科学技术的研究与考察，其多样性与复杂性还来自于当时西方正在发生着的各种社会运动。正是这种不同的起源才导致了 STS 两种不同传统的研究旨趣，即实践导向的美国 STS 研究和理论导向的欧洲 STS 研究。本章试图考察欧洲和美国 STS 起源的不同历史语境、社会背景、学术来源等问题。再对形成欧美 STS 不同传统起源的具体体现进行比较分析，从而试图得出欧美 STS 不同传统的内在逻辑。

第一节　欧洲 STS 之起源考察

欧洲的 STS 是 Science Technology Studies 的缩写，关于 Science Technology Studies 的翻译国内学者有诸多争论，主要有刘华杰为代表的"科学元勘"、郭贵春、成素梅为代表的"科学技术的人文社会科学研究"、丁长青的"科学技术学"、盛晓明的"科学技术论"

的译法。尽管译法种种，但欧洲STS 所指代的内容都是对科学技术的哲学的、史学的、社会学的研究，其研究对象是社会语境中的科学技术。因此欧洲的 STS 的起源主要表现为科学知识社会学的兴起，考察欧洲 STS 的起源就免不了要考察科学知识社会学的起源。夏世杰认为科学社会学的思想起源有曼海姆和舍勒的知识社会学、库恩的科学哲学、维特根斯坦的后期哲学和后现代思潮①。大卫·艾杰分析了欧洲 20 世纪 60 年代 STS 诞生时的起源，提出了 STS 的三种起源，分别是（1）作为社会系统的科学；（2）围绕科学教育所应遵循的原则而展开的长期论战；（3）来自民主的推动力。艾杰认为，前两条线索分别为欧洲的科学政策奠定合理性基础的发展方向和科学教育改革的方向。而后一种民主推动出现的社会运动则激发了 STS 的活力②。通过以上分析本书认为欧洲 STS 的起源可以归结为斯诺两种文化的划分所带来的争论与启示、贝尔纳的科学学、知识社会学和库恩的历史主义的影响。

一　社会背景：斯诺的两种文化

斯诺被奉为欧洲 STS 的先驱人物，主要是由于斯诺 1959 年 5 月在剑桥大学一年一度的里德讲座上发表的名为《两种文化和科学革命》的演讲中提出了相互分离的人文文化和科学文化的观点。其主要观点包括：（1）西方社会的智力生活已日益分裂为文学知识分子和物理学家为代表的科学家两个极端，即科学文化与人文文化；（2）文化的分裂会给社会和个人带来损失；（3）分析和思考文化分裂现象的原因③。正是由于这些观点引发了理科教育的争

① 夏世杰：《科学知识社会学思想之源初探》，《东南大学学报》（哲学社会科学版）2006 年第 6 期，第 46—48 页。

② ［美］希拉·贾萨诺夫等：《科学技术论手册》，盛晓明等译，北京理工大学出版社 2004 年版，第 5—9 页。

③ ［英］C. P. 斯诺：《两种文化》，纪树立译，生活·读书·新知三联书店 1994 年版，第 1—20 页。

论，并引起了英国、荷兰、瑞典等国的理科教育改革。这些改革所营造的教育环境"为把 STS 的学术研究（尤其是 SSK 所具有的人本主义洞察力及其所派生出的思想）融入到科学家和技术专家的培养体系开辟了很大的空间。"①

正是由于斯诺命题的提出，直接诱发了爱丁堡学派的诞生。所谓"斯诺命题"指的是，由于自然科学家与人文学者在教育背景、学科训练、研究对象以及所使用的方法和工具等方面的差异，使他们在文化的基本理念和价值判断方面经常处于互相对立的位置，不仅一直相互鄙视，甚至还不屑尝试理解对方的立场②。

在斯诺看来，"两种文化"之所以分裂，直接的原因主要在于两个方面。一是高等学校对专业化教育的盲目追求。斯诺回顾了英国及欧洲的高等教育历史，认为"两种文化"的分裂就在于高等教育的专业化教育。这种专业化教育，使得当时的教育就是"两种文化"分离的现实，学生接受的就是"两种文化"分离的教育。二是社会形态将其定型化，即社会形态使这种分裂成为惯例。社会现实不仅默认这种分裂，而且还在制度规定、机制运行等方面推进了这种对立。特别是社会现实对自然科学和人文社会科学的评价不是同等的，长期以来是重视自然科学而轻视人文社会科学③。

实际上，科学与人文两种文化的分裂与冲突由来已久，可以追溯到近代自然科学的兴起。一方面，近代科学的发展使得科学与技术的力量空前强大，人们对科学从事的事业必然导致社会进步抱着坚定不移的信念，科学文化逐渐战胜人文文化，近代科学的发展造

---

① ［美］希拉·贾萨诺夫等：《科学技术论手册》，盛晓明等译，北京理工大学出版社 2004 年版，第 7—8 页。

② 顾海良：《"斯诺命题"与人文社会科学的跨学科研究》，《中国社会科学》2010 年第 6 期，第 10 页。

③ ［英］C. P. 斯诺：《两种文化》，纪树立译，生活·读书·新知三联书店 1994 年版，第 1—20 页。

成了如胡塞尔（E. Husserl）所说的，人们仅仅"从感性可见和可数学化的东西的观点出发考察世界，抽象掉了作为过着人的生活的人的主体，抽象掉了一切精神的东西，一切在人的实践中物所附有的文化特性。"① 另一方面，从古希腊哲学"人是万物的尺度"到18 世纪卢梭等人的人文主义运动，再到近代的存在主义思潮，这些被称为"波希米亚"（Bohemians）的人文主义者始终都强调人的价值与作用，肯定人文主义的力量，并对彰显科技理性力量的资本主义文明持有抵制和批判的态度。这两种文化上的冲突在英国哲学上关于浪漫主义和功利主义的争论中得到充分的展现。20 世纪以来，两次世界大战以及近代科学负面效应的凸显，促使西方人文知识分子对"科技乐观主义"这一主题进行深刻的反省，并将这种思考与工业社会对人的异化结合起来；另外，现代工业社会的出现和科学技术的迅猛发展又使得科学家更多地依赖权力和金钱，也有了更多地介入国家决策的机会，使得越来越多的学者加入了对两种文化争论的探讨。

爱丁堡学派正是在斯诺命题的启发下，成立其"科学研究"小组的，并成为日后科学知识社会学（SSK）的发源地。SSK 是关于科学知识社会学的研究，将科学知识跟其他人文社会科学知识放在相同的位置，这就降低了自然科学的独尊地位。SSK 以社会学的方法和视角研究科学家的工作及其社会中的角色定位，认为科学只是人类生活中的部分内容，和其他文化一样都是一种信念系统。其研究的目的是揭示在社会知识语境中，科学知识作为其中之一的知识子系统，是如何发生和发展的，与其他知识系统又有什么区别和联系，受到过哪些社会因素的影响，并试图还科学知识的历史本来面目。

SSK 瓦解了"科学至上论"的观念，赋予科学以"平凡"和

---

① ［德］E. 胡塞尔：《欧洲科学危机与超验现象学》，张庆熊译，上海译文出版社1988 年版，第71 页。

"世俗"的特性，这无疑对科学的神圣权威的观念提出了强劲的挑战。站在人类整体认知成果的高度，对科学知识进行社会学研究，对各个知识系统作综合考察，这势必将科学知识当成人类整个认识成果中的一个类别。这样，科学知识的绝对权威地位就不存在了，被降低为与其他知识平等的知识体系。当然，SSK 学者也一再声称，SSK 的目的并不是要否定科学，也不是要推翻科学的真理性特征。相反，人类社会的进步对科学的依赖是不容忽视的，需要批判的是一种将科学推向极致的绝对的科学主义。

二　理论渊源：库恩的历史主义

从理论渊源上看，欧洲 STS 的产生最初不是从社会学理论本身，而是从科学哲学的争论中产生的。汉森的"观察渗透理论"打破了传统科学哲学中科学知识的实证主义"标准"观点，对科学经验事实的检验标准提出了质疑。库恩则将科学活动的社会历史因素渗透到科学活动本身，主张抛弃"历史的辉格式解释"，提出了具有社会建构主义色彩的科学观的。无怪乎有科学知识社会学学者指出，他们的研究受库恩的哲学思想影响，在批判了传统的实证主义科学观之后而开始的。通常认为，库恩的哲学对科学知识社会学的影响体现在两个方面：

其一，"范式"思想提供了相对主义的认识论前提。库恩把"范式"概念与"科学共同体"联系起来，认为，"以共同的范式为基础进行研究的人们都承诺同样的规则和标准从事科学实践。科学实践所产生的这种承诺和明显的一致性是常规科学的先决条件，亦即一个特定研究传统的发生与延续的先决条件"[1]。范式的内容包括了科学团体从事科学活动的一切内容，即科学不是开始于观察和实验，而是进入科学家集体，进入科学家组织开始的。库恩认

---

① Thomas S. Kuhn, *The Structure of Scientific Revolutions. Second Edition*, Chicago: The University of Chicago Press, 1970, p. 11.

为，"科学尽管是由个人进行的，科学知识本质上却是群体的产物，如不考虑创造这种知识的群体的特殊性，那就既无法理解科学知识的特有效能，也无法理解它的发展方式。"① 由于范式的"不可通约性"，因此，在库恩看来，范式的更替不是认识的深化，而是心理上的信念的变化。对科学进步的解释"必定是心理学的或社会学的"②。从这里已经看出，库恩的"范式"已经瓦解了实证主义科学观的理性主义，非理性因素例如社会和心理因素在库恩的思想中起了重要作用，这种相对主义的认识论为后来被柯林斯的"经验相对主义"所继承，形成了欧洲 STS 研究的重要学派之一。

其二，历史主义的方法论。通过对科学史不同科学范式转换的考察，库恩提出了历史主义的科学观，认为科学不仅是一个内部逻辑的建构过程，而且更是一个具有社会文化因素的历史过程，考察科学史就是分析历史上的社会因素对当时的科学的影响。因此，历史主义的方法论就是把科学看成是人类的一种社会活动和一种历史描述的经验事实，而对科学作动态的历史考察的方法，不但要探讨影响科学发展的内部因素，而且还从社会外部因素分析了科学知识的产生和发展以及它们之间的相互关系。正如库恩指出，"科学史有助于填补科学哲学家与科学本身之间颇为特殊的空缺，可为他们提出问题，提供资料。"③ 库恩范式理论，坚持把社会学的分析应用于自然科学的知识本身，并且倡导了某些经验研究的方法，直接影响了 20 世纪 70 年代中期的科学知识社会学的产生。换句话说，库恩所坚持的历史主义的方法论，实际上是一种社会学的分析方法。

---

① ［美］托马斯·库恩：《必要的张力——科学的传统和变革论文选》，范岱年、纪树立等译，北京大学出版社 2004 年版，第 X 页。

② ［美］托马斯·库恩：《是发现的逻辑还是研究的心理学？》，载拉卡托斯、马斯格雷夫《批判与知识的增长》，华夏出版社 1987 年版，第 26 页。

③ ［美］托马斯·库恩：《必要的张力——科学的传统和变革论文选》，范岱年、纪树立等译，北京大学出版社 2004 年版，第 12 页。

早期 SSK 吸收了库恩的相对主义认识论和历史主义的方法论思想，核心观点认为科学知识是社会建构的，在研究方法上侧重宏观角度论证科学知识的产生与社会环境条件，以及社会结构有什么关系。后期 SSK 包括实验室研究、科学争论研究以及文本分析研究在人类学转向和社会学转向的双重影响下，侧重从微观科学家之间，及科学家与其信仰形成的社会环境中与其他人之间的互动的。

三　学派源流：贝尔纳的科学学

科学学（Science Studies）是欧洲 STS 的根本起源或者说欧洲的 STS 最初形式就是科学学，但无论是默顿还是贝尔纳的科学学都不关注科学知识问题，实际上他们的科学学是一种科学家社会学或者是科学团体社会学，而对科学知识的关注恰恰是知识社会学对欧洲 STS 的启示。再加上斯诺命题的提出，则直接诱发了欧洲 STS 第一个研究团体的出现——爱丁堡学派，也就是以"强纲领"为基本理论的科学知识社会学。

贝尔纳是英国著名物理学家、剑桥大学教授，科学学的创始人，著有《科学的社会功能》（1939）、《历史上的科学》（1954）等书。他的科学学观点主要从两个部分影响了 STS 的起源：（1）他提出了科学的社会功能；（2）他把科学看作一个系统，从外史主义的角度出发对科学与社会的关系进行了研究。这些都成为后来对欧洲 STS 产生影响的科学学思想。

首先，关于科学的社会功能。贝尔纳是从科学史的角度对科学的社会功能进行概括的，他的科学观跟传统意义上的作为系统化、理论化的自然知识体系不同。贝尔纳认为，科学与教育、工业、战争等方面密切相关，并在其发展中起重要的作用。贝尔纳批判了理想主义科学观，在传统的理想主义科学观看来，科学的逻辑在于建立一幅同经验世界相吻合的图像，科学没有任何的使用功能。科学本身是目的，科学就是提出真理和假说来认识世界、解释客观世界规律的。贝尔纳认为，"促使人们去做科学发现的动力和这些发现所以来的手段，是人们对物质的需求和物质工具本身"①。

相反，贝尔纳认为："科学是社会进展的一个主要因素，科学在铸造世界的未来上能起决定性的作用。"② 贝尔纳不仅看到了科学技术对社会发展的正面推动作用，还看到了科学对社会发展的负面影响。贝尔纳认为，虽然科学带来新的生产方法，却没有解决失业和生产过剩的问题，并在一定程度上造成了贫富差距的扩大；科学发明创造了新的军事武器，却没有消除战争对人类社会的影响，甚至从根本上威胁到人类的生存。但是，贝尔纳并没有反对科学本身，而是站在马克思主义的立场上对造成科学负面影响的资本主义体制进行了批判。因此在贝尔纳看来，科学所带来的负面效应是能够通过科学的应用来消除的。但不能仅仅依靠科学的力量来消除由科学带来的负面影响，"我们还必须期望创造出新的美好的事物，更美好的、更积极的和更和谐的个人和社会生活方式……像研究自然界那样去研究人类，去发现社会运动和社会需要的意义和方向，这就是科学的功能"③。由此可以看出，贝尔纳对科学的社会功能表现出一种乐观主义倾向。

其次，关于科学与社会的关系。贝尔纳认为，科学随历史的变化而变化呈现出多种不同的形态，在他看来，在历史上科学可以表现为五种形态，"科学作为一种建制；一种方法；一种积累的知识传统；一种维持或发展生产的主要因素；以及构成我们诸信仰和对宇宙和人类的诸态度的最强大势力之一"④。由此可以看出，贝尔纳反对作为知识体系、方法论的内在主义的科学观，赞成把科学看作是社会化了的社会建制，是社会发展的最重要因素。正是科学观上的这种转变，使贝尔纳开创了对科学的社会研究领域，从专注于科学内在结构和发展规律的研究，到对科学与社会相互作用的考察

①　[英]贝尔纳：《科学的社会功能》，陈体芳译，商务印书馆1982年版，第40页。
②　[英]贝尔纳：《历史上的科学》，伍况甫等译，科学出版社1981年版，第26页。
③　[英]贝尔纳：《科学的社会功能》，陈体芳译，商务印书馆1982年版，第7页。
④　[英]贝尔纳：《历史上的科学》，伍况甫等译，科学出版社1981年版，第6页。

的科学社会学研究。不仅如此，贝尔纳认为现代科学与社会的关系是依托于科学与技术的关系的，正是在工业革命以后由于工业发展的需求，科学与技术的相互作用机制才体现出来。他说："科学与技术的交互过程必然受到生产的社会条件，特别是经济条件的支配。"

于是，科学研究在科学活动中的重要性以及科研管理和效率增长的问题凸显出来。通过对英国科研组织现状的考察，贝尔纳认为，科学之所以处在危机之中，是因为科学研究中普遍存在的问题，这些问题包括：科学研究工作中缺乏协调；效率低下；存在垄断；普遍存在一个不平衡的科研规划；传统因素或者经济因素对科研工作起着阻碍作用等等。他提出，由于科研是由个人来进行的，并且进行科学研究的活动是为了造福于整个人类，所以需要最有效地协调各个人的工作。"理想的办法是使每一个人都能在一种组织形式里尽其所能。这个组织形式要能使他的工作成果发挥最大的社会功能。主要的问题是怎样使整体的组织起来的需要和个人的要求自由的需要调和起来。"[1] 贝尔纳认为，我们必须制订一个科学的规划。他坚信，"除非在某种程度上对科学工作加以规划，科学工作就无法进展"[2]。

因此，贝尔纳建议"我们必须把经济、科学和政治等等都包括在内的全部问题，都看作一个统一的计划安排问题，使大家都处于某种国际合作，在一定程度上共同保持发展的特定局面"。实际上，这就是贝尔纳"大科学"的思想的萌芽。科学学的研究由于强调对科学本身进行定量研究，在贝尔纳之后的科学学的发展过程中形成了一套复杂的文献计量分析技术和引证研究，并以此基础影响了欧洲 STS 研究另一重要进路，即普赖斯的科学计量学。

---

① ［英］贝尔纳：《科学的社会功能》，陈体芳译，商务印书馆1982年版，第182页。
② 同上书，第25页。

然而，贝尔纳的科学学不关注科学知识问题，这也造成为了后来科学社会学的理论困境，这一点受到知识社会学的启发，后来的科学知识社会学派在借鉴知识社会学的对人类知识关注的启示下，拓展了科学社会学的研究，形成了早期的欧洲 STS 研究。

四　方法起源：知识社会学

近代哲学从笛卡尔以降都是以认识论为中心的，知识的探讨也一直成为近代西方哲学的主题。对知识的研究从哲学转向社会学始于舍勒和曼海姆。1924 年，德国社会学家马克斯·舍勒在《知识社会学的问题》一书中首次使用"知识社会学"的名称。卡尔·曼海姆是知识社会学的集大成者，于 1929 年发表的《意识形态与乌托邦—知识社会学导论》一书，标志着知识社会学作为一门独立的学科正式诞生。

知识社会学是对知识与其他社会或文化存在的关系的研究。实际上，从近代以来，学者普遍将人类的知识形态划分为两类：一类是纯粹知识，即科学技术知识，并认为科学知识具有不受社会因素影响，不受历史条件制约的普遍一致性特点；另一类是非纯粹知识，即与人文社会相关的观念、意识形态、宗教、法理及伦理信念、哲学、历史、社会学等知识，这类知识是受社会因素影响和历史条件制约的知识。在知识社会学看来，其研究的对象是第二类的知识，按照默顿的说法，"知识这个词必须有宽泛的理解，因为这一领域的研究实际上涉及所有的文化产物。尽管在该科学之内存在着各种不同的看法，但它们有着大体相同的思想倾向，即认为知识在某种尺度上是社会的产物。"①

正如本·戴维指出，"欧洲 STS 研究是在'反实证主义'哲学（马克思主义、现象主义、社会学中的人类学方法）兴起和科学哲

① ［美］罗伯特·默顿：《科学社会学》，鲁旭东、林聚任译，商务印书馆 2004 年版，第 7 页。

学中相对主义、建构主义的影响下产生的。并且，它与迪尔凯姆和曼海姆的知识社会学传统相联系。"① 知识社会学对欧洲 STS 的意义更多是在方法论的层面，主要表现在三个层面：

一是其建构主义方法对科学知识社会学的影响，以至于许多科学知识社会学的方法直接借鉴知识社会学的方法，从而形成了欧洲STS 的建构主义色彩。知识社会学理论的社会建构色彩表现在两个方面，一方面是"对称性"与"反身性原则"，即在知识的社会学看来，无论是观察者还是被观察者都必须服从社会学家的考察，并打破传统知识观中对知识与社会的二分法，观察者与被观察者在知识生成中是对称的；另一方面是知识社会学认为，构成知识信念的是社会而非个人，任何知识都是社会、文化与个体之间相互作用的共同建构，通过主体间不断协商与对话形成"共识"，并且它强调社会交往中的理性，主张知识社会学的研究重心应该放在社会环境中而不是限于个人的思想。知识社会学还倡导"客观相对主义"，认为个人是不可能从他自身的经历中形成世界观的，知识是群体互动和社会协商的产物。因此，在传统知识社会学家看来，知识是情境依赖的，它主张用非评价性的、动态的社会学去考察知识的历史、社会语境。实际上，就多数知识社会学学者来说，它更类似于一种"知识的社会哲学（刘珺珺）"②。

二是在研究对象上知识社会学启示了传统的科学社会学，将传统科学社会学对科学建制的研究转移到科学知识上来。通过前一节论述，以贝尔纳为代表的科学社会学不仅把科学看作是一种有条理的、客观的知识体系，还是一种制度化了的社会活动，科学的进步速度和科学家关注问题的焦点受社会历史因素的影响。普遍性、公正性、无私利性等社会规范保证科学体制生产正确无误的科学知

---

① J. Ben – David, *Sociology of Scientific Knowledge*, Beverly Hills：The State of Knowledge Sage Publications，1981，pp. 44 – 55.

② 刘珺珺：《从知识社会学到科学社会学》，《自然辩证法通讯》1986 年第 6 期，第 21 页。

识。然而科学知识问题对于默顿学派来说是一个黑箱，在他们的研究视野之外。知识社会学则表明，对于知识的社会学研究是可能的。受此启发，爱丁堡学派从理论打破了科学社会学和知识社会学在科学知识问题上的黑箱态度，把社会学的领地扩展到了科学知识领域。

三是知识社会学对欧洲 STS 的意义的另一种表现是知识社会学预留了社会学对科学知识的研究空间，形成了科学文化与人文文化分裂的开端，为诺斯的两种文化对立的观点的提出奠定了渊源。曼海姆的知识社会学是将自然科学知识排除在社会学考察的范围之外的，他认为知识社会学中的知识只包括人文社会科学知识，不包括自然科学知识，他们否认将自然科学和数学作为研究对象的观点，认为自然科学知识的内容是不受社会性因素制约，二者是依赖经验和事实并遵循科学知识的内部逻辑而呈累积式增长的，因此不能用社会学方法的考察。实证主义对此给予了强烈的批判，他们通过批判曼海姆知识社会学，尤其是传统的知识划界标准来达到对自然科学和数学等领域知识体系进行社会学考察。舍勒则对二者的争论持中立态度，他指出科学家对绝对真理的寻求在本质上只是一种表象，从当代科学哲学和科学社会学观点来看，舍勒已经对自然科学知识的至尊地位提出了挑战，对两种文化之间的歧视现象表示出强烈不满。

实际上，实证主义者与人文主义者二者争论的焦点是要不要、该不该将自然科学研究方法照搬到社会科学中来。由于这场争论关系到两种知识形态的孰优孰劣，两种文化的直接冲突，甚至一种文化歧视另一种文化，或用一种文化规范另一种文化的重大问题，故而争论自知识社会学发端以来就一直存在着。为日后科学知识社会学的兴起奠定了思想基础。

第二节　美国 STS 之起源探析

美国 STS 经历了跟欧洲 STS 不同的研究起源，总体说来美国

STS 的诞生也主要有三个来源，第一个是 20 世纪 20 年代一批技术社会学家展开的对技术发明的社会学研究，形成了美国前 STS 对技术的研究；第二个是源于技术决定论思想，并由此形成了美国 STS 的技术乐观主义和技术悲观主义两种思潮。第三个是美国 STS 诞生的社会背景，源自于 20 世纪五六十年代的生态运动、环境运动、消费者运动等四大运动对思想领域的影响，并由此直接导致了一系列美国大学 STS 研究计划的诞生，成为美国 STS 产生的直接标志。这两种起源在实践中的不断发展形成了美国 STS 研究的两大领地，一种是对科技政策的关注，一种是在高等教育中的一系列 STS 项目的诞生，并形成了美国的 STS 教育。米切姆曾经尝试把美国 STS 划分为 6 个相互独立并有所重叠的历史时期，即前 STS（Pre - STS STS）包括约翰·杜威、罗伯特·默顿、刘易斯·芒福德；经典 STS（Classic STS）包括蕾切尔·卡逊、托马斯·库恩、雅克·埃吕尔、伊万·伊里奇（Ivan Illich）、E. F. 舒马赫（E. F. Schumacher）等人；应用专业 STS（Applied professional STS）其研究领域包括生物医学伦理、工程伦理、计算机伦理等研究；唯科学的 STS（Pro - science STS）认为科学技术是人类文化的主要成就并持技术乐观主义观点；学院派 STS（Academic STS）主要指的是 STS 中的建构主义论者包括比克和拉图尔等人；政策 STS（Policy STS）包括万尼瓦尔·布什（Vannevar Bush）、哈维·布鲁克斯（Harvey Brooks）、戴维·盖斯通（David Guston）、丹尼尔·沙尔维兹（Daniel Sarewitz）、荣格·皮尔克（Roger Pielke）、丹尼尔·克林曼（Daniel Kleinman）等人。①

　　殷登祥也论述了 STS 的起源，他所论述的更多的是美国传统的 STS 起源，认为 STS 的诞生的社会条件是：（1）现代科学技术的发

---

　　①　此观点是本人 2009—2010 年在美访学期间跟米切姆讨论形成的，米切姆提出了要注意 STS 观念史的研究，观念史指的是历史进程中思想的表达、保存与演变。由 idea history 翻译而来，有时也可不加区分的称作思想史（intellectual history）。

展；（2）科学技术的负面效应的凸显。由此导致了在 20 世纪 60
年代如何自觉地发挥科学技术的积极作用和克服科学技术的负面影
响，即如何正确处理科学技术与社会的关系已成了一个严重的社会
问题。STS 作为一种后现代哲学、后现代科学观，就是要解决后现
代问题①。本书认为，美国 STS 的起源主要包括，四大社会运动的
影响；默顿科学社会学；技术发明社会学和科学技术的反思批判。

一　社会情境：四大社会运动

从 20 世纪以来，科学技术的负面效应逐渐显现出来，主要表
现在，科学技术的发展对环境的影响、通过战争对人的破坏、对人
的精神世界的冲击等。在这种时代背景下，美国社会活动家也开始
质疑传统的关于科学技术乐观主义观念，在这一时期爆发了对核武
器造成的毁灭性破坏和越战大批生命葬送的后果及影响的认识而形
成的反战运动；对提高了人们的物质生活的科技，却带来严重的环
境污染，使公众处于不健康、不安全的环境中而引发的环境运动；
对汽车尾气、交通事故、高技术产品的影响及高技术的负面作用的
认识而产生的消费者运动；以及有色人种对社会权利的要求、科技
给不同种族带来的利益差别而产生的民权运动②。

这四种运动中尤其是以蕾切尔·卡逊（Rachel Carson）为代表
的生态与环境运动最具代表性，卡逊通过在 20 世纪 50 年代末对
DDT 杀虫剂对生物和人体的危害的考察，阐述了科技发展所导致
的有毒物质对空气、河流、海洋、动植物和人的危害，引起了学者
和社会活动家的强烈关注。卡逊也被奉为美国 STS 的先驱之一。大
致在同一时期，消费者运动的活动家拉尔夫·纳德尔（Ralph Nad-
er）于 1965 年出版《任何速度都是不安全的》　（*Unsafe at Any*

---

①　殷登祥：《关于 STS 的起源、争论和前景》，《北京化工大学学报》（社会科学
版）2000 年第 1 期，第 1—3 页。

②　李晓峰、吴永忠：《论 STS 的两种研究传统》，《哈尔滨学院学报》2008 年第 3
期，第 22 页。

Speed）批判了汽车产业给消费者带来的风险；1972 年，罗马俱乐部发表《增长的极限》批判现代经济增长方式等，都表达了一幅悲观主义的图景，这成为美国 STS 运动诞生的最直接因素，也是美国 STS 不同于欧洲 STS 的重要特点之一。

美国"二战"中和"越战"中使用的包括核弹和生化武器在内的高技术武器所造成的毁灭性破坏，给科学家和工程师提出了新的社会责任问题，掀起了以科学家为核心的反核战争和平运动，这不能不使人进一步深思科学技术的社会后果，并导致了反战运动的爆发。

这些社会运动给早期美国 STS 带来了一些重要的特点，主要表现在：（1）美国 STS 是社会运动带来的结果，因此引起了社会和公民的广泛参与，美国 STS 更加注重科学技术的公民参与；（2）美国 STS 更加注重对科学技术的批判，这些社会运动促使美国 STS 的观念从技术乐观主义转向技术悲观主义，使人们系统反思科学技术的负面效应；（3）美国 STS 更加注重科技政策的研究，不仅如此，美国 STS 强调对具体科学技术的社会影响的研究，而不单纯从抽象层面研究一般的科学与技术，美国 STS 对一些新兴科学技术的关注，例如核能、纳米、基因技术、信息技术等要多一些，这就影响了学校的 STS 教育和科技政策制定。

在这些社会运动的影响下，美国最早的 STS 研究始于 1964 年在 IBM 公司资助下设立的"技术与社会计划"，旨在深入探索技术变化对经济、公共政策和社会特征的影响，以及社会进步对科技发展的性质、范围和方向的互惠作用。1969 年在康乃尔大学建立了科学技术社会（STS）计划，旨在"大学本科水平上与全球问题有关的交叉学科教程"。这两个计划的产生就可以说是标志了美国 STS 的诞生。

从美国 STS 诞生的这两个计划上来看，美国 STS 是针对一些社会问题而产生，这也就形成了美国 STS 研究注重具体科学技术问题的实践导向的特点。另外，在早期 STS 理论的研究中科学家主要是以批判性的反思来看待科学技术对社会的影响的，一直以高科技而带来巨大社会利益的政府不得不去考虑科学技术的负面影响，这就使得美国的 STS 从诞生开始就浸染在技术悲观主义思潮中，对科学技术的批判和反思就成了早期美国 STS 的主要任务。实际上，科学技术对社会的影响有好的，也有坏的方面，但也不能说科学技术是中性的，如何去规范科学沿着一条既能为人类创造物质利益又能保护生存环境与社会环境的道路去发展，从而使对科学技术与社会的关系的研究走上一个辩证的道路，是 STS 必须面对的问题。

二　观念起源：科学技术的反思与批判

上一节论述了美国 STS 起源中社会活动家所扮演的角色。实际上，具有先见之明的学者在 20 世纪上半叶开始就意识到了科学技术的负面影响，于是才有胡塞尔的对欧洲科学危机的反思，实际上在胡塞尔那里，欧洲的科学危机表现的是西方的人性危机，而这种人性危机的产生恰恰是现代科学的不断强盛所带来的。于是才有海德格尔对现代技术的批判，海德格尔把现代技术看作是"座架"，它在解蔽的同时也使人丧失了自由。学者们对科学技术的社会、文化、生态的批判研究构成了这一时期美国 STS 的主要内容。正如殷登祥教授所总结的，这一时期美国 STS 诞生的宗旨就是充分发挥科学技术的积极作用，努力克服科学技术的负面影响，使科学技术真正成为人类的福祉。这一时期对科学技术的批判反思主要从人文主义反思和科学技术的社会批判两个层面来进行的。

技术的人文主义反思。主要代表人物是刘易斯·芒福德（Lewis Mumford）、雅克·埃吕尔（Jacques Ellul）、伊万·伊里奇（Ivan Illich）、汉娜·阿伦特（Hannah Arendt）等人。他们从技术的外部视角来看待技术，把技术视为一个整体。把当代社会的主要特征理解为技术的社会，因此对时代的反思也便成为对技术的反思。并且他们主要是从技术对人的生存状态的影响的层面来反思技术的。

芒福德首先批判了把人看作是"使用工具的人"的观点，认为人应当理解为"理性的人"，他反对把技术看作是人性的物质化的观点，技术应当是人类发展与技术自身发展的主要动因，因而，好的技术成就"更多的不是增加食物供应或者控制自然的目的，而是更加充足的满足人类超越有机体的需求和渴望"[1]。他对技术的批判是通过对单一技术和综合技术的区分开始的，在芒福德看来，无论是从历史上看还是从逻辑上，综合技术或者类似生物技术是技术的原始形态，这种技术是以生活为指向，用来满足生活的各种需求和渴望，因而是一种"避苦"的技术，在芒福德看来，这种技术对人类来说是必要的，并且是"通过一种民主的方式来发挥实现人类的多种潜能"[2]。单一技术或者集权的技术则是基于现代科学的量化生产，主要是满足权力诸如经济扩张、物质的充足或者军事的优势等。在芒福德看来，当单一技术着重于权力而限制或者局促人类的生活时，则不存在技术的进步。

埃吕尔则是通过系统分析的方法对技术以及技术存在的环境进行分析，并提出了其技术决定论式的技术系统思想的。在《技术系统》一书中，埃吕尔全面论述了技术的系统论观点。在埃吕尔看来，系统是理解技术的必要工具。技术的发展导致了人类生存环境的变化，由以前的人直面的自然环境到人生存于由技术构成的技术环境中，进而在现代社会中，技术逐渐获得了系统性的特征。技术不仅仅表现为客观实在，而是一系列的准则和决定性的因素组成的系统。埃吕尔认为技术系统的特征有三个：首先，技术系统是由一系列的诸如铁路、邮政、电话、航空、电力生产与分配、工业自动化生产过程、市政、军事防御等次级系统组成的技术体系。技术系统的第二个特征是它的灵活性。技术系统的第三

---

[1]　Lewis Mumford, *The Myth of Machine*: *Technics and Human Development*（Vol1），New York：Mariner Books，1971，p. 8.

[2]　［美］卡尔·米切姆：《通过技术思考》，陈凡等译，辽宁人民出版社 2008 年版，第 56 页。

个也是最本质的特征是技术系统本身制定其适应、补偿和发展过程的规则①。在埃吕尔看来，技术系统的形成是由于技术现象与技术进步的存在。技术现象自18世纪以来进入到西方文明的视野，是西方哲学中意识、批判性和理性的产物，埃吕尔认为技术现象本身不构成技术系统，但却是技术系统静态结构的本质，它具有自主性、统一性、普遍性和整体性四个特点。而技术进步的存在则形成了技术系统的动态过程本质，在技术系统中，进步本身就是系统的目标之一。技术现象和技术进步的交汇构成了技术系统。技术系统的进步以其特殊的方式进行不同于其他类型的演化。

在埃吕尔看来，技术系统成长的动力逻辑上是来自于技术系统内部的，也就是技术系统的自主性。自主的技术意味着技术最终是由技术自身决定的，技术本身描绘自己的发展路径，技术的要素是技术发展的最初动力而不是第二位的，技术是一个自我决定的"有机体"，技术本身成为目的②。自主性是技术发展的重要特性。每一个技术要素首先是要适应技术系统的发展，并且只有在技术系统而不是人类需要或者社会秩序中，技术要素才能实现其功能。

技术的社会批判。主要是社会学家和社会哲学家的工作，其代表性的观点主要来自法兰克福学派。法兰克福学派对当代资本主义的社会批判的核心内容是对科学技术的批判，主要代表人物有赫伯特·马尔库塞（Herbert Marcuse）、尤尔根·哈贝马斯（Jürgen Habermas）与安德鲁·费恩伯格（Andrew Feenberg）等人。

马尔库塞主要是从意识形态和经济政治学的角度展开对科学技术和以现代科学技术为主要特征的工业社会的批判的。由于现代科学技术的经济领域的胜利，现代理性变成了追求知识和效率的技术工具理性，并且导致了统治的合理性，正如马尔库塞指出的，技术理性的概念，也许本身就是意识形态。不仅技术理性的应用，而且

---

① Jacques Ellul, *The Technological System*, New York: Continuum, 1980, p. 79 – 108.

② Ibid., p. 125.

技术本身就是（对自然和人的）统治，并且，以技术为中介，文化、政治和经济融合成一个无所不在的体系，这个体系吞没或抵制一切替代品。技术的合理性已变成政治的合理性①。

哈贝马斯主要也是从科学技术的意识形态批判上展开对科学技术的批判的，现代科学技术已经不仅是作为生产力的重要因素，而且具有了意识形态的功能，主要表现在对技术问题的提高，而忽视了实践问题，换句话说是将政治问题转化成技术问题，"政治不是以实现实践的目的为导向，而是以解决技术问题为导向。""作为意识形态，它一方面为新的执行技术使命的，排除实践问题的政治服务；另一方面，它所涉及的正是那些可以潜移默化地腐蚀我们所说的制度框架的发展趋势。"哈贝马斯说道："一方面，技术统治的意识同以往的一切意识形态相比较，'意识形态性较少'，因为它没有那种看不见的迷惑人的力量，而那种迷惑人的力量使人得到的利益只能是假的；另一方面，当今的那种占主导地位的，并把科学变成偶像，因而变得更加脆弱的隐形意识形态，比之旧式的意识形态更加难以抗拒，范围更为广泛，因为它在掩盖实践问题的同时，不仅为既定阶级的局部统治利益作辩解，并且站在另一阶级一边，压制局部的解放的需求，而且损害人类要求解放的利益本身。"②

无论科学技术的人文主义反思还是对科学技术的社会批判，都将技术视为一种影响和改变社会历史的自主力量。他们认为，当代社会环境等问题的根源是科学技术带来的，在对科学技术进行理性批判和人文主义反思的同时，他们也坚信，单靠技术进步本身就足以消解科学技术带来的负面影响，这是典型的技术决定论思想。这一时期，无论是哲学、历史学还是社会学都从整体讨论技术与社会的关系，大多数 STS 研究都依赖以各自学科为基础的宏大叙事。正

① ［德］马尔库塞：《单向度的人》，张峰等译，重庆出版社1993年版，第7页。

② ［德］哈贝马斯：《作为意识形态的科学与技术》，李黎等译，学林出版社1999年版，第60—69页。

如加里·鲍登所说，"在20世纪60年代之前，社会科学和人文科学对科学技术的研究主要是由历史学、哲学以及特定意义上的社会学研究组成的，把科学技术看作是独立于社会情境的自主的东西。哲学家研究科学方法的逻辑，历史学家编纂思想和技术产品的自然演化史，而社会学家则关注于科学的制度结构及其沟通和回报模式"①。

三 学派源流：默顿的科学社会学

默顿的科学社会学是STS 的重要来源，无论是欧洲的科学知识社会学还是美国的科学技术与社会（STS）都是在沿着科学社会学的道路上衍生出各自的主要研究进路的。默顿从结构功能主义视角出发，将社会学的研究方法引入到对科学的研究中，承接了科学哲学和科学知识社会学的鸿沟。默顿对STS 的贡献不仅表现在他首次使用"科学、技术与社会"（STS）这个概念上，实际上，在默顿那里他还没有形成STS 的概念自觉。默顿的科学社会学对STS 的主要影响在于默顿提出的作为社会建制的科学观；科学与社会的关系；科学的奖励系统、评价体系等内容上。大致说来，默顿的科学社会学从以下几个方面影响了STS 的起源：

首先，作为一种社会建制的科学。与贝尔纳相似，默顿也反对传统的理性主义科学观，在研究了17世纪英国的科学、技术与社会之后，默顿指出，科学作为一种社会建制的出现主要是以新教为标志的特殊价值观念培养的结果。默顿把科学理解为"一种不断发展的智力活动""一种正在出现的社会组织"。他指出，"在新教的宗教体系中，有着赞颂上帝这个不受挑战的公理，而且，非逻辑地与这一原则相联系的行为模式倾向于具有一种功利主义的清淡色彩。"② 功利主义是17世纪英国哲学普遍信奉的价值标准，是各种

---

① ［美］希拉·贾萨诺夫等：《科学技术论手册》，盛晓明等译，北京理工大学出版社2004年版，第71页。

② ［美］R. K. 默顿：《十七世纪英国的科学、技术与社会》，范岱年等译，四川人民出版社1986年版，第154页。

现实实践活动的指导性信条，在具体的生活实践中表现为积极入世的禁欲主义。默顿将当时这种资本主义宗教观科学活动联系起来，认为正是这种苦行禁欲的教规为促进而不是阻碍了科学的发展，在那个时代的英国，科学被当作强有力的技术性工具，被作为对上帝作品的研究，因而是尊严的、变得高尚的、并且神圣不可侵犯的。由于看到了科学对自然的研究能够扩大人类支配自然的能力，宗教所赋予科学的价值便尤可估量地成倍增加。

由此可见，清教的价值体系对科学是持赞许态度的，"在确立科学作为一种正在出现的社会组织的合法性方面，清教主义无意识地做出了贡献"①。默顿指出，"正是清教改变了当时社会的价值定向，恰恰就是清教主义在超验的和人类的行为之间架起了一座新的桥梁，从而为新科学提供了一种动力；"② 恰巧是清教而不是其他可以想见的等价的功能性实体，通过为科学的合法性提供出一个坚实的基础，从而推动了科学的组织化③。

其次，科学与社会的相互关系。默顿认为，以往科学与社会的互动关系研究"过于关注科学（以及以科学为基础的技术）对社会的影响，而很少关注社会对科学的影响"④，这种研究关系是失衡的。默顿指出，社会文化因素对科学研究的意义重大，需要平衡对科学技术与社会关系的研究。通过对 17 世纪英国的科学、技术和社会的情况考察，默顿指出，第一，科学是一种制度化的过程，作为一种社会活动在科技转移中与其他地区是存在竞争的；第二，没有制度化的科学与其他社会体制（例如宗教和经济）是存在互动关系的，这就反驳了长期以来科学与宗教对立的观点；第三，默顿还意识到科学与技术的不同，认为科学与技术是两种不同的现

---

① ［美］R. K. 默顿：《十七世纪英国的科学、技术与社会》，范岱年等译，四川人民出版社 1986 年版，第 17 页。

② 同上书，第 121 页。

③ 同上书，第 20 页。

④ 同上书，第 6 页。

象，二者存在密切的关系，经济的选择对科学研究活动有直接的影响。这就表明了科学技术与社会之间复杂的相互关系。

再次，科学的精神气质——学院派科学观。默顿认为，科学制度有一套由于主要目标被证实了的知识而合法化的关于规范和价值的特殊设置，通过社会化的传递并通过奖励和惩罚系统，这些规范与价值能够得到不同程度的强化与弱化。默顿指出，通过对科学著作的研读和对科学家行为的考察，科学的精神气质能够凸显出来。这种科学精神气质由两部分组成：技术规范和道德规范，或者称之为认知规范和社会规范。默顿总结了构成这种精神特质的核心内容的制度性规则（道德或社会规范），即学院科学的特点：普遍性、公有性、无私利性和有条理的怀疑。在默顿看来，科学的精神气质本身就有重要意义，它有益于扩展知识这一制度性目标。

最后，科学的社会运行体系。在默顿看来，科学的社会运行包括科学奖励系统与评价体系。默顿在考察了科学史上优先权冲突现象后指出，科学体系像其他的社会制度一样有自己特有的价值观、规范，不同的是在科学体系中，独创性成为推动科学发展的主要因素而有重要的地位。与此同时，科学通过对其独创性成果的承认，设置奖励分配系统。但这种奖励系统在对独创性的强调和对其承认的强调拔高时，就会失去控制，这就是造成优先权冲突等一些反常现象产生的原因，是规范系统与奖励系统之间特有的不连续状况的结果。默顿科学奖励系统的提出，旨在解决科学优先权冲突的问题，并为理解作为一种社会建制的科学提供了坚实的基础，同时这也标志默顿模式的正式确立。

通过对科学文章的基本特点的考察，默顿得出了科学评价系统中的"马太效应"，即占有一定科学权威与资源的科学家在科学评价体系中占有优势地位，并且这一优势地位随着其科学权威的增加而相互促进。对此，默顿提出了同行评议人的体制。默顿认为，既然科学已经成为一种社会化的体制，那么科学家的工作就不仅要受到科学共同体的评价，还要受到其他社会部门的评价，这种评价包括社会伦理因素、政治、经济因素的评价。默顿指出，科学评价是不断演化的社会进程，能实现知识传播以及知识产权的注册，并有效地确立和维护优先权。因此，在科学评价体系中，应该是由同行根据普遍主义的规范以及学科的情况对科学家的角色表现做出评价。

由此可见，默顿重视的是作为一种社会建制的科学即科学共同体的内部规范结构的考察，特别是从事科学活动的人即科学家的行为规范结构，从科学体制内部考察作为共同体的科学如何并何以自洽或自主运行的问题。在默顿看来科学作为一种社会活动有自身的相对独立性和固有的发展逻辑，但它不可避免地受到其他社会体制因素的影响。因此，在研究科学、技术与社会的互动关系时，既要充分肯定内在逻辑对科学发展的影响，又要摒弃内在决定论，应该注意研究科学的外部史，寻求科学知识与外部社会因素之间的因果关系。同时，默顿对社会体制互动的强调，启示 STS 研究不能只片面考察科学、技术与社会之间的单向作用，而应该着眼于科学、技术与社会的双向互动，全面、完整地理解三者间的关系。

四　学术渊源：技术发明社会学

技术社会学是美国 STS 的根本起源或者说美国的 STS 最初形式就是技术社会学。最早对技术进行比较系统的社会学研究始于 20世纪二二十年代的美国社会学家威廉·奥格本（William Ogburn）和肖恩·吉尔菲兰（Sean Gilfillan）。至今有学者还把 19 世纪 20—50 年代的大约 30 多年称为"奥格本时代"。技术社会学强调技术发明的过程中文化因素和社会推动力的重要作用，已经有了技术社会建构思想的萌芽。但同时他们又承认技术变迁必然带来社会变迁，又暗含的技术决定论的观点，是美国技术决定论思潮的重要表现形式之一。

技术发明的社会模式。传统关于技术发明的观点持有技术发明决定论的倾向，认为"技术发明是天才人物的贡献，英雄发明家是上帝意愿的表达者。"① 并且，技术发明是带有神秘因素的偶然事件，这种思想被厄舍尔（Abbott Usher）称为的"先验论"技术发明观。而技术发明社会学则指出，发明是一个持续的进化过程，在此过程中社会力量起着重要的作用。在技术发明过程中，文化因素比发明者的智力更为重要，发明更依赖于社会文化因素，而不是先天的智力因素。奥格本指出："在根本没有轮子的文化中，不可能造出，也不可能发明出机器驱动的轮子。同样没有炼铁的知识，许多技术都很难发展"②。吉尔菲兰则更为详尽地提出了一套非常复杂的关于技术发明的原则，这些原则包括：（1）发明本质；（2）导致发明的社会变迁；（3）发明增长速度和发明生命周期；（4）促进、阻碍与确定发明的因素；（5）进步的原则；（6）发明家及其阶层；（7）发明的效应③。同奥格本一样，他坚信发明有自己的逻辑规律，不是某些天才发明家的独创。他认为，历史上许多人同时发明同一东西的事实证明了他论断的正确性。后来，他又进一步论证影响发明的因素。他指出，影响发明的因素有三个，即文化的累积、社会需求的动力和发明者的智力④。

其中，文化准备是影响发明的重要因素。发明可以定义为已存文化特征新的组合，随着文化的积累，发明是不可避免的。在吉尔菲兰看来，发明是一种社会文化的积累，"是现存要素的组合"。吉尔菲兰反对任何将发明归功于他所称的"空头发明家"的技术理论，他认为发明是"先前技术"的新组合。所以发明是由已存

① Christine Macleod, *Heroes of Invention: Technology, Liberalism and British Identity*, 1750 - 1914, Cambridge, New York: Cambridge University Press, 2007, pp. 1 - 22.

② ［美］奥格本：《社会变迁——关于文化和先天的本质》，王晓毅、陈育国译，浙江人民出版社1989年版，第41页。

③ S. Gilfillan: *The Sociology of Invention*, Chicago: Follett Publishing Company, 1935, pp. 3 - 13.

④ ［美］奥格本：《社会变迁——关于文化和先天的本质》，王晓毅、陈育国译，浙江人民出版社1989年版，第543—547页。

在的文化要素组合而成的①，这是发明出现的前提。在工业革命时期的技术文化水平上，即使存在社会迫切需要，瓦特也无法发明出电动机，因为发动机等技术因素尚不存在。由此可见，社会文化的积累是发明产生的一个关键因素。

社会需求是技术发明的社会动力，技术发明往往来自社会的人们的需求，远德玉和陈昌曙指出"技术由社会的人的需要而诞生，社会的需要又促进技术的发展。社会一旦出现了技术上的需要，这种需要就会推动技术发展。社会需求是推动人们进行技术发明创造的动力，又是把这种发明利用于社会生产的动力。技术的最终成果，总是对社会需求的满足。社会需求是技术发展的基本动力这一论断当然是毫无疑义的。"② 但是社会需求并不一定必然导致创造发明，它的作用是有条件的，要受文化的制约。因此，在相同的文化背景中，需求会刺激发明的产生。

通过前两条的分析可看出，在技术社会学看来，发明是缓慢的发展的文化长期积累的结果，是一个微小细节的不断进化的过程。一项大发明都是一些微小的渐进的改进所致，是许多微小发明的集合，因此，任何伟大的发明应当归功于历史文化因素和社会需求的力量。由是可见，早期的技术社会学主要关注发明以及影响发明的社会因素，这些思想实际上已经有了技术的社会建构的思想的萌芽，它否定了技术是一个具有自我发展的内部逻辑的过程，把技术发明看作是各种社会因素塑造的结果，技术发明或技术创新或技术进步都是一个社会建构的过程。

影响发明的第三个因素是发明者的智力，虽然发明社会学认为个人天才与重大发明无关，但他们同时承认个人的智力、修养、动机等对发明有影响。例如吉尔菲兰指出的，"到目前为止，每个天

---

① S. Gilfillan, *The Sociology of Invention*, Chicago：Follett Publishing Company, 1935, p. 6.

② 远德玉、陈昌曙：《论技术》，辽宁科学技术出版社1986年版，第188—193页。

才在船的发明中都不是不可或缺的"①，只不过是发明者个人的智力对于技术发明的整个过程来看不是不可或缺的，因为技术发明是一个不断累积的社会过程。这种思想又使他的技术发明社会学避免陷入绝对的社会决定论。

技术的社会效应。即技术对社会的影响，是技术社会学的主要研究内容之一。奥格本与吉尔菲兰曾深入研究了技术对政府、宗教、教育、国际关系等的影响，并发表《航空的社会效应》，《技术与变迁中的家庭》等专著。发明社会学还提出了他的技术社会效应的一般原则，包括：（1）一项发明往往会产生扇形的向四周扩散的效应；（2）社会变迁往往是许多发明的联合作用；（3）发明的起因和它的社会效应是一个交错相织的过程；（4）发明会产生互相跟随的链式反应；（5）一组相似的发明会产生可观察到的社会影响，而任何单个发明的影响往往可能是难以觉察的；（6）小发明的累积效应是社会变迁过程中的重要组成部分；（7）大多数发明只是现存设备的小改进；（8）社会变迁中存在社会和机械因素，社会变迁中的社会因素往往部分地来源于机械发明，反之亦然；（9）发明的社会影响需要很长时间才能觉察到②。不仅如此，他们还研究具体技术的社会效应，例如无线电发明的社会效应。奥格本在对无线电对美国社会所造成的影响进行了详细考察之后，曾列出了无线电的 150 个社会效应③。认为技术发明的社会效应就像轮子辐条般地放射到社会各个方面。

基于此，发明社会学得出了技术的多级派生效应的观点，认为

---

① S. Gilfillan, *The Sociology of Invention*: *An Essay in the Social Cause of Technic Invention and Some od Its Social Results*: *Especially as Demonstrated in the History of the Ship*, Chicago: Follett Publishing Company, 1935, p. 73.

② William F Ogburn and S Gilfillan: *The Influence of Invention and Discovery*, in US President's Research Committee on Social Trends in the United States, New York: McGrawHill, 1933, pp. 158 – 163.

③ Westrum. Ron, "*Technology and Social Change*" in Robert Perrucci, *Sociology*: *Basic Structures and Processes*, Dubuque: Brown Company Publishing, 1977, p. 564.

不仅具体的技术发明具有多级的派生社会效应，不同技术发明的组合同样会产生多级派生的社会效应。例如奥格本指出，城市是工业制造、交通、通讯等发明的直接效应，而城市中的犯罪增加、家庭消失、教会功能萎缩、政府干预增加等都是这些发明联合作用的派生效应①。通过对技术社会效应的分析，奥格本指出，技术看作是推动社会变迁的重要动力。而社会的变迁主要源于文化的变迁，文化的变迁包括有四个因素，即积累、发明、扩散和调节。其中，发明是最基本的因素。在文化变迁过程中，技术是最活跃的因素，它往往是自变量。一个新的技术发明出现后，文化中原有平衡便被打破，其他因素便随之进行调节，直至在社会中建立新的平衡。奥格本提出了"文化滞后论"的观点，（The Theory of Cultural Lag）认为技术进步被文化吸收的速度比观念和价值要快得多。显然奥格本，把技术当作了一种处于社会秩序之外的不受约束的独立力量。结果是社会不得不适应技术的需要②。因此，奥格本社会变迁理论的基本思想最重要的一点，就是特别强调了技术在社会变迁中的作用。奥格本指出，社会变迁缓慢有两个原因，一是相对缺少发明；二是社会群体不愿接受发明③。

显然，奥格本使我们认识到了"技术推力"在发明中的巨大作用，但是他认为，只要技术积累达到一定程度，发明就是水到渠成、不可避免的事情。并且认为技术的变迁必导致社会的变迁，把技术看作是一种促成种种社会调整与文化调整的外在力量。奥格本反对用"历史的经济解释"来说明社会发展。他认为经济因素并不是社会变迁的终极原因，决定社会变迁最根本的决定因素是技

---

① Ogburn William F, Nimkoff Meyer F, *Handbook of Sociology*, London：Kegan Paul Trench, Trubner Co. LTD, 1947, p. 572.

② ［美］鲁帝·沃尔梯：《社会学与技术研究》，《自然辩证法研究》1992（增刊），第53页。

③ Ogburn William, F：*On Culture and Social Change. Selected Papers*, Chicago：The University of Chicago Press, 1964, p. 11.

术。由此他提出了自己的"历史的技术解释"（Technological Inter-
pretation of History）①。同样的，吉尔菲兰也把技术看作是一种具有
某种内在自主力量的东西，认为技术的进步是技术推动社会发展的
重要力量，都是一种典型的技术决定论的观点。

遗憾的是，发明社会学并没有成为美国 STS 的诞生的直接来
源，但这不能否认早期的发明社会学对美国 STS 的意义：（1）发
明社会学暗合了当时的技术决定论思潮，这成为后来美国 STS 诞生
的重要思想来源；（2）发明社会学是第一次用社会学的方法与范
式研究技术问题，开创了技术社会学的研究模式，对于后来形成社
会建构论范式的"新技术社会学"有启示意义。

第三节　欧美 STS 起源的比较分析

从不同起源的社会背景、理论形态、学派特征和思想观念上
看，欧美 STS 研究传统的不同体现在以下几个方面：

一　社会背景的迥异

从起源背景来看，欧洲和美国的 STS 均有着相似的社会背景和
时代背景。二者的诞生年代大致都在 20 世纪六七十年代，这一时
期的主要时代特征主要体现为：首先，科学技术已经成为促进社会
发展的最重要力量。在经历了两个工业革命之后，20 世纪 60 年
代，人类社会正在经历以信息技术为代表的新技术革命，在生产和
经济领域的胜利使得科学技术向社会政治、制度、文化领域扩张，
社会要素与科学技术的关系日趋紧密，呈现出一个复杂、多面的状
态，这就使得以在社会语境中研究科学技术以及二者与社会的互动
为研究对象的 STS 的产生成为了必然。

---

① Ogburn William F, *On Culture and Social Change. Selected Papers*, Chicago：The U-
niversity of Chicago Press, 1964, p. 11.

其次，人类社会正经历工业社会向后工业社会转型，在思想领域表现为现代性的陨落与后现代的兴起，后现代思潮反对基础主义、总体主义、普遍主义、本质主义、绝对主义、表象主义、内在主义，肯定多元主义、个体主义、差异性、非本质主义、相对主义、强调实践、外在主义、不确定性、流动性等特征，为传统的科学技术观的解构起了重要的作用。因此，这种思潮也影响了关于科学技术研究的内在主义向外在主义导向的转变，正如卡特克里夫指出，"科学史和技术史、科学哲学和技术哲学、科学技术的社会学的这种从内史论导向的分支学科逐步转向更加外史论的社会学导向的解释，反映了促使 STS 产生的那些相同的学术力量。"①

尽管如此，二者所产生的具体社会语境是不同的。对于欧洲STS 来说，围绕着科学与人文两种文化的分裂所引发的争论是其诞生主要社会语境。因此，争论的主体主要是从事科学技术研究或者教育的科学家、哲学家等学者，因而欧洲 STS 会表现出更强的理论指向和学派特征；而美国 STS 诞生的主要社会语境是在工业化后期或者后工业化时期科学技术的负面效应在社会中体现出来，人们对科学技术负面效应的反思和批判中诞生的。对于美国 STS 来说，其参与的主体不但包括人文主义知识分子，还广泛吸纳了社会活动家、政策制定者、公众等的参与。因而美国 STS 首先是社会需求推动的结果，这是 STS 产生的主要动力，而学术界内部一些领域的发展与学术传统的转变则是 STS 出现的基础。因此，美国的 STS 更倾向于实践导向，并呈现出非学派的特征。

从二者诞生的社会背景所指涉的内容上来看，欧洲 STS 的社会背景是关于科学与人文两种文化的争论，欧洲 STS 诞生的主要任务之一就是努力克服两种文化的分裂，实现科学与人文的沟通和共生，因此在对待科学与技术的态度上，欧洲 STS 是无价值负荷的，

① S. Cutcliffe, *Research in Philosophy and Technology*: *Ethics and Technology*, Greenwich: JAI Press Inc, 1989, p. 287.

STS 学者的目的不是"反科学"或"反技术",而是试图揭示出,对科学研究纲领、技术设计以及与此相关的社会过程的选择;美国STS 诞生的社会语境是从技术乐观主义到技术悲观主义转向时期,克服科学技术对社会的负面效应是美国 STS 的主要任务,因此,在美国 STS 学者那里,科学技术是价值负荷的,STS 学者试图通过对技术理性的批判来影响科学技术的评估以及政策制定的过程。

二 学派源流的差异

早期的 STS 研究,无论是欧洲还是美国都是遵循传统科学社会学模式的。从研究对象上看,二者都是从社会学角度出发对科学家群体、科学的社会建制的研究。首先,二者都反对传统观念论科学,反对只把科学的发展看做是内在与自主的,把科学作为知识理论体系的理解,认为科学还是一种社会建制。其次,二者都看到了科学技术的对生产的巨大促进作用和技术、经济力量对科学的激励作用,例如,贝尔纳曾指出"促使人们去做科学发现的动力和这些发现所依赖的手段,是人们对物质的需求和物质工具。"[①] 同样的,默顿也曾指出,"无论 17 世纪的科学家如何全神贯注于个人的工作,他在当时那种巨大的经济增长面前都不可能无动于衷。"[②]

但在研究视域、研究方法与所关注的重点上,二者还存在较大不同。例如,在研究视域上,贝尔纳指出"科学远远不仅是许多已知的事实、定律和理论的总汇,而是许多新事实、新定律和新理论继续不断的发现,它所批判的以及常常摧毁的东西同它所建造的东西一样多"[③]。不仅如此,在 20 世纪 70 年代以后,受到库恩以及知识社会学的传统的影响,转向了对科学知识的社会分析,在他们看来,科学的认识内容才是科学本身的内部的东西。由此可见,

① [英] 贝尔纳:《科学的社会功能》,陈体芳译,商务印书馆 1982 年版,第 26 页。
② [美] R. K. 默顿:《十七世纪英国的科学、技术与社会》,范岱年等译,四川人民出版社 1986 年版,第 185 页。
③ [英] 贝尔纳:《历史上的科学》,伍况甫等译,科学出版社 1981 年版,第 15 页。

欧洲 STS 在贝尔纳那里基本表达了一种对科学的内部的、动态主义的理解。而美国的科学社会学则继续保持默顿的传统下，注重科学家角色、社会关系、交流与奖励体制以及科学家行为规范等问题，而这些内容对于科学知识来说属于外部的社会方面。不仅如此，默顿还指出，"近代科学，其基本假设就是一种广泛传播、出自本能的信念，相信存在着一种事物的秩序，特别是一种自然界的秩序"。由此可见，默顿表达的是一种静态主义的科学观。

从研究方法上看，贝尔纳科学社会学的研究方法，以科学技术史为基础，用自然科学的知识和社会学的方法来对待整个科学学的问题，贝尔纳提出要借鉴自然科学的、历史的和社会学的方法，将对科学的分析放到当时的社会历史背景中去考察。因此，贝尔纳的科学学是一种通过描述方法侧重于对科学技术的宏观定性的研究。而默顿是美国社会学结构—功能分析方法的重要代表人物。默顿及其学派着力于对科学内部的社会结构分析，属于微观、经验的结构分析模式。因此，用功能主义来分析科学系统的社会结构，并力图理解和解释科学内部的结构特征是默顿科学社会学的特点。正如默顿所指出，对于科学社会学来说，"问题的解决不仅满足科学家个人的有效与充分的标准，而且也满足他实际上或象征性地与之接触的那个集体的标准，这种压力构成了推进令人信服的、严格研究的一种强大的社会推动力。"①

在关注重点上，由于受马克思传统的影响和外史主义的影响，贝尔纳看到了科学功能的发挥对社会的重大影响。贝尔纳不但看到了科学技术对社会发展的积极影响，还看到了科学技术所带来的负面效应，因此，他关注的是如何有效地解决科学应用所引起的社会问题；默顿则受逻辑实证主义和功能学派社会学的影响，认为科学社会学的基本理论研究重点在于科学社会的内部结构，由结构解释

① ［美］R. K. 默顿：《十七世纪英国的科学、技术与社会》，范岱年等译，四川人民出版社 1986 年版，第 273 页。

功能认为科学的社会功能仅仅是由其结构引发的结果之一，其目标是将科学社会学变成一般社会学。

三　科学社会学与技术社会学的不同解读

从研究对象上看，欧洲 STS 最早称作科学学（Science Studies），始于科学哲学与科学史研究。20 世纪 20 年代以来，逻辑实证主义的兴起掀起了科学哲学研究的兴盛；30 年代，萨顿开创了对科学的编年史研究，自默顿和贝尔纳的科学社会学诞生之后，实现了科学学（Science Studies）的第一次转向——"社会学"转向，对科学的社会学研究成为了科学学的主流，但不论是默顿的科学社会学还是贝尔纳的科学学，其研究对象都是科学，是对科学的社会学分析。

而美国 STS 诞生的起源来看，技术发明社会学的主要研究对象是技术，而这一时期盛行的对科学技术的人文主义反思和社会批判，主要也是以技术批判为主。总体来看，美国的 STS 发端于对技术的人文社会科学研究，其研究对象是技术。

从研究方法上来看，二者都是社会学的研究方法。但欧洲的科学学侧重于把科学看成一个抽象的、大写的、一般意义上的科学，从宏观的角度描述一般意义的科学的结构、科学的生产经济功能等；美国的技术社会学则侧重于把技术看成具体的、小写的、分门别类的技术，从微观的角度来研究不同的技术所产生的社会影响，例如奥格本对无线电技术的考察，芒福德通过技术发展对城市文明影响的考察，麦克卢汉对媒介技术的研究等。这些关于技术的社会学研究都具有一种技术决定论的色彩。

第四章 欧美 STS 的研究范式：进路之对比

通过上一章研究看出，从历史的视角对 STS 起源的脉络进行考察，可以看出 STS 主要源于"两个不同的知识开端"（亨利·鲍尔），如李真真所言，"在经历了从 20 世纪七八十年代的发展，STS 更清晰地呈现了这样两种研究传统。前者吸引了包括从事实际研究的科学家和工程师以及其他社会群体的参与，呈现了多样性的话题与研究进路。而后者则在更深奥的学术追求中疏远了早期的 STS 爱好者。"① 也正是由于这两种不同的知识开端，前定性的导致了欧美 STS 研究的不同进路，本章试图通过对欧洲 STS 的从科学社会学到科学知识社会学，从 SSK 到后 SSK 的转向，从对科学知识的社会学研究扩展到对技术的社会学研究—STS 的技术转向的进路与美国从 STS 教育到 STS 研究，从技术决定论到社会建构论再到实在论的建构论，从科技政策、科技政治学的转向的对比中得出二者在研究方法、研究策略、争论焦点上的不同。

第一节 欧洲 STS 的研究进路

研究进路，英文翻译为 Approach，即研究方法的意思，但与一般静态意义上的研究方法不同，本书的研究进路指的是沿着一定理

---

① 李真真：《STS 的兴起及研究进展》，《科学与社会》2011 年第 1 期，第 68 页。

论逻辑不断演变的研究方法。例如，诺尔·谢廷娜（Knorr Cetina）和马尔凯（Michael Mulkay）在谈到欧洲 STS 研究进路时指出，SSK 大体存在着两种研究趋势：一种是宏观定向——相一致研究方法，如爱丁堡学派的利益模型；另一种是微观倾向——发生学研究方法，包括实验室研究和科学争论研究等。但"这些不同的方法并不相互冲突，而是相互补充"①。我国学者李侠认为，SSK 对科学的研究主要有三条理论进路：一是认识论和方法论上的相对主义和建构主义；二是实验室研究和文本分析；三是对科学争论的研究②。应当说，欧洲 STS 研究是从 SSK 研究开始的，由于 SSK 自身的困境出现了两条研究路径的分化，一种是从从 SSK 内部进行相对主义批判的后 SSK 理论；另一种是从外部拓展 SSK 研究领域从而增加其理论解释范围的新技术社会学研究，即将 SSK 的研究方法用于分析技术，也称作 STS 的技术转向。

一　从科学社会学到科学知识社会学

通过上一章的分析得知，欧洲的 STS 的重要理论来源是科学的社会学分析与迪尔凯姆、曼海姆等人对知识的社会学分析。二者虽然都是用社会学的方法来分析，但科学社会学关注科学而忽视了知识，知识社会学关注知识而忽视了科学。然而，默顿学派在面临科学知识的对称解释上却出现了理论困境，他们只关注科学的宏观社会结构，而不研究科学知识产生的微观认识过程，其方法论说到底是"黑箱式"的。并且，他们坚持对科学知识进行非对称分析，将科学知识的成功看作是理性的自然主义的胜利，而将科学知识的失败作非理性的社会学解释，科学知识社会学（以下简称 SSK）的出现就是在批判科学社会学基础上运用了知识社会学的理论假设

---

① Knorr – Cetina and Steven Mulkay, *Science Observed Perspectives on the Social Study of Science*, London & Beverly Hills: SAGE Publications, 1983, p. 117.

② 李侠：《断裂与整合：有关科学主义的多维度考察与研究》，山西科学技术出版社 2006 年版，第 194 页。

而产生了对科学知识的社会学分析的。

自科学知识社会学诞生以来，对欧洲 STS 研究的影响主要表现在三个方面：（1）使科学史的研究由内史主义转向外史主义，由编年史研究转向文化史研究；（2）科学哲学与现象学解释学融合，通过解释学来解决科学的认识问题；（3）科学知识社会学取代了科学社会学，对科学知识的社会学分析逐渐成了科学社会学的主流，成为欧洲 STS 研究的主要路径。这表明，无论是科学的史学、哲学还是社会学研究，他们所面对的问题都是通过社会、文化、历史的过程来描述科学知识的产生、增长过程的，表明了欧洲 STS 的内在一致性。

SSK 学者从科学争论、实验室方法、科学家的文本及话语研究这三个场点展开研究。众所周知，STS 在欧洲诞生标志是科学知识社会学（SSK）的出现，第一个 SSK 研究学派是以大卫·布鲁尔（D. Bloor）、巴里·巴恩斯（Bary Barnes）为代表的英国爱丁堡大学的爱丁堡学派，后来陆续出现以柯林斯（H. M. Collins）为代表的巴斯学派，布鲁诺·拉图尔（Bruno Latour）为代表的巴黎学派等。SSK 通过对科学知识社会学的考察，将科学、知识、文化相关因素与社会连接起来，试图打破传统知识论中关于自然和社会的二分观念，对科学的实在性和科学知识的真理性进行阐释，出现了众多研究纲领，这些都意在表明"科学家贴在其常规地接受的实践和认识上的权宜性标签"，科学知识不是对外在世界的反映，而是社会建构的产物。

（一）欧洲 STS 的研究纲领

强纲领是欧洲 STS 第一个也是影响最大的代表性研究纲领，其代表人物是巴恩斯和布鲁尔。他们从宏观视角和相对主义立场出发考察了科学的合理性，强调科学评价中的情景和偶然因素，提倡怀疑主义，以消解科学理性的合法地位。该学派的重要代表人物布鲁尔在其著作《知识及社会意向》中提出了"强纲领"（Strong Program）的四条原则，（1）因果性：它应当涉及那些导致信念或者各种知识状态的条件。当然，除了社会原因以外，还会存在其他的、将与社会原因共同导致信念的原因类型；（2）公正性：它应当对真理和谬误、合理性或者不合理性、成功或者失败，保持客观公正的态度；（3）对称性：同一些原因类型应当既可以说明真实的信念，也可以说明虚假的信念；（4）反身性：从原则上说，它的各种说明模式必须能够运用于社会学本身①。

在强纲领看来，所有知识，不论是经验科学知识还是数学知识，都应该对其进行彻底的研究，没有什么特别的界线存在于科学知识之中，或存在于合理合法的真理及其客观性的特殊本质之中。孙思指出，强纲领之所以"强"主要是因为"它要公正地对待所有的信念体系，无论是真的还是假的、合理的还是不合理的、成功的还是不成功的，以使社会学方法能应用于描写一切知识体系，包括数学和逻辑这样远离经验的科学"②。"强纲领"在知识论的研究方面认为："知识"是"任何被集体地接受的信念系统"。

知识社会学的强纲领依赖一种相对主义，主要表现在方法论上的经验主义（也称自然主义）和认识论上的相对主义。这种立场体现在上面提出的对称性和反身性两条原则之中。③ 强纲领在理论上遵循方法论相对主义，在经验研究上坚持认识论的相对主义。对科学知识的性质的说明中从绝对的自然主义解释过渡到了相对主义的社会学解释，使得强纲领陷入了相对主义的泥淖。实际上，强纲领并不打算也无法否认科学知识的有效性、确定性，它否认的是科学知识由理性驱动、真假取决于与经验的对照。这一点在社会学有限主义那里得到了继承，并使强纲领的认识论相对主义深入到词与

---

① David Bloor, *Knowledge and Its Social Imagery*, London and Chicago：Rutledge Press，1976，pp. 17 – 18.

② 孙思：《科学知识社会学的强纲领评介》，《哲学动态》1997 年第 11 期，第 32 页。

③ David Bloor*Knowledge and Its Social Imagery*, London and Chicago：Rutledge Press，1976，p. 158.

物的关系的层面，加剧了科学知识的不确定性。

实验室研究纲领。实验室研究是科学知识社会学的主要研究纲领，如果说强纲领以及科学争论是对科学知识做宏观的社会学的解释与评价的话，那么实验室研究室则将重点转向了实验室内部的构成，通过人类学现场考察的方法对科学知识在实验室内部的生成过程做微观的科学的社会学描述。实验室研究开始于 20 世纪 70 年代末至 80 年代，有 4 位科学知识社会学学者几乎同时开展了实验室研究的纲领，其中包括法国的拉图尔和英国的伍尔伽（Steve Woolgar）的《实验室生活》（1979）、谢廷娜的《知识的制造》（1981）、林奇的《实验科学中的技能与人造物》（1985）、特拉威克的（Sharon Traweek）《光束的时间与生命的时间》（1988）。

实验室研究作为 SSK 的微观经验研究纲领，采取人类学的田野调查方法，深入某个科学家集中的实验室进行长期持续的参与观察。"（参与性的观察者与分析者）成了实验室的一部分，在亲身经历日常科学研究的详细过程的同时，在研究科学这种'文化'中，作为连接'内部的'外部观察者的探视器，对科学家在做什么，以及他们如何思考做出详尽的探究"①。拉图尔把实验室称作"文献记录系统"②，实验仪器构成一组组"刻入装置"（Inscription Devices），在拉图尔看来，实验室不仅是一个工作空间，也是一群性格各异、习惯不同的人聚集的地方。没有两个实验室是相同的，因为实验仪器、实验材料、实验室人员、科学文本、成员的个性和活动、实验室规模、人数、资金和空间、工作类型以及带头人的风格都是不同的。它们通过讨论和说服把来自实验室内、外的各种图表、数据和资料等加工，把实验材料接入刻入装置，经过一系列规范的操作生成刻入符号，再根据这些符号完成科学论文。通过一系

---

① Bruno Latour & Steve Woolgar, *Laboratory Life*：*The Construction of Scientific Facts*, Princeton, New Jersey：Princeton University Press, 1986, p. 12.

② ［法］拉图尔，［英］伍尔伽：《实验室生活——科学事实的建构过程》，张柏霖、刁小英译，东方出版社 2004 年版，第 37 页。

列的争论、磋商和劝导活动，强化或修改命题或主张，直至特定的科学命题或主张变成"事实"①。于是，科学论文得以构造出来。

在这个过程中，科学争论的出现是必然的。对此，科林斯指出："由于实验是一种具有诀窍的默然之知的实践，因此很难说第二次实验就能对第一次实验做出检验。要是这样的话，为了验证第二次实验的质量还有必要作进一步的实验。于是便会产生无穷倒退"②，这就是所谓的"实验者倒退"。因此，并不存在所谓的判决性实验，实验证明的结果并不必然导致科学争论和社会磋商的结束，相反，实验本身带来的是更多的争论，或者说，实验本身就是一个争议与共识达成的过程。

在拉图尔看来，实验室研究的主要任务是：第一，对实验室生活进行的翔实的考察，使我们获得一种方法，可以去解决那些通常属于认识论者权限内的问题。第二，对这些微观过程进行的分析绝对不会获得科学活动任何特征的先验理解。第三，应该避免援引外在实在或科学造就的东西的有效性来理解事实的稳定性，因为这种实在和有效性是科学活动的结果而不是其原因③。

实验室研究通过说明科学知识的社会建构性，把科学知识理解为特定社会背景下的人类活动的特定产物，因此，其意义不仅在于它打开了这个调查领域和为穿过这个领域提供了一个文化框架的事实。努力使实验室成为我们科学理解中的理论概念这个事实。④ 而且，拉图尔还把田野调查方法运用于研究科学知识的生产过程，从

---

① 盛晓明：《巴黎学派与实验室研究》，《自然辩证法通讯》2005 年第 3 期，第 66 页。

② Harry Collins, *Changing Order*：*Replication and induction in scientific practice*, London & Beverly Hills：Sage Publications, 1985, p. 84.

③ ［法］拉图尔，［英］伍尔伽：《实验室生活——科学事实的建构过程》，张柏霖、刁小英译，东方出版社 2004 年版，第 168—169 页。

④ Karin Knorr Cetina, *The Couch*, *the Cathedral*, *and Laboratory*：*On the Relationship between Experiment and Laboratory in Science*, Scienceas Practice and Culture. Chicago：Chicago University, 1992, p. 121.

人类学的角度揭示了科学活动的社会相关性。这种研究方法也被后来的 STS 研究所借鉴，引起了科学知识社会学的"人类学转向"。

社会学的有限主义纲领。布鲁尔认为，有限主义很可能是知识的社会学视野中最重要的观点，是强纲领的发展和深化①。巴恩斯首次把有限主义的概念引入"科学的社会研究"之中，认为"知识的观念有时可以看作是有限主义的，它的基本含义是一个词汇的恰当含义是逐步形成的，其中含有连续的和即时的价值判断。一个概念含义的恰当使用，最终也必须单独由一些特定的、地方的（Local）和偶然的因素来决定。有限主义否认一个词汇的内在特性或意义与观念有关，并决定它未来的使用，因此，有限主义也否认正确和谬误是陈述的本质特性。"② 布鲁尔社会学有限主义的含义是指"一个词的现成的意义并不能决定它未来的使用，词汇的意义是在使用中创造出来的。"③

布鲁尔、巴恩斯和亨利（John Herry）在《科学知识：社会学分析》一书中，系统阐述了社会学有限主义的基本主张，指出"社会学有限主义的最基本的含义是指分类通常并不是由经验促动的，也不是由先前的分类形式决定的。从社会学的角度看，每一次分类词汇新的使用都是存在问题的。有限主义解释强调分类活动的社会学利益和传统特性，例如，每一次分类活动都含有判断的形式，每一次分类活动都改变着下一次分类活动的基础，每一次分类都是可以改变的。分类词汇的含义不仅与其使用时的'意义'相关，而且与在当前情境下所有其他词汇的含义有关。"④ 具体而言，

---

① ［英］大卫·布鲁尔：《知识和社会意象》，艾彦译，东方出版社 2001 年版，第2—3 页。

② Barry Barnes, *Kuhn and Social Science*, London：The Macmillan Press Ltd, 1982, pp. 30 – 31.

③ David Bloor, *Wittgenstein：A Social Theory of Knowledge*, New York：Columbia University Press, 1983, p. 25.

④ David Bloor, Barrry Barnes and John Henry, *Scientific Knowledge：A Sociological Analysis*, Chicago：The University of Chicago Press, 1996, p. ix.

有限主义有5 个基本观点：（1）表示类的名词的未来应用是不确定的。这是有限主义的核心观点；（2）每一个分类行为都是可错的；（3）每一个分类行为都是可修改的；（4）对一个表示种类的名词的连续应用不是相互独立的；（5）对表示不同种类的名词的应用不是相互独立的①。布鲁尔和贝恩斯做过一个形象的比喻，"世界仿佛是一块蛋糕，可以以无限种方式切割，无论它事实上是怎么被切割的"②。可见，他们把社会学有限主义作为一个基本研究纲领的，贯彻到对科学知识和科学活动的社会学分析之中，社会学有限主义讨论语词与科学实在的关系，把科学实在纳入了知识形成的过程，从而论证了新的研究纲领对知识的社会学解释的意义和作用。

文本话语研究纲领。从古希腊开始，人类的思考方式朝着两个路向齐头并进。一个是非理性的道路，也就是修辞学的道路；另一个是科学和逻辑学的道路。尼采曾经把人类两种截然相反的思维模式描述成阿波罗式和狄奥尼索斯式，它们分别象征理性和非理性的思维进路。

英国约克大学的迈克尔·马尔凯对科学知识的社会学解读是从考察科学内部的文化因素，也就是科学作文化的说明和解释来进行的。对于话语分析纲领马尔凯是这样论述的，"我们不得不放弃想对所研究的社会行动领域提出单一的、经验上被证明了的模式这个传统的社会学目标，取而代之的是我们认为更真实的研究目标，即对研究者如何建立他们关于社会世界的不同看法做出描述，并把研究者话语的变化与发生这些变化的社会环境因素联系起来，其他别人无选择。我们把这一研究战略称为话语分析"③，马尔凯还把他

---

① David Bloor, Barrry Barnes and John Henry, *Scientific Knowledge*：*A Sociological Analysis*，Chicago：The University of Chicago Press，1996，pp. 55 – 59.

② Ibid. ，p. 55.

③ ［英］迈克尔·马尔凯：《科学社会学理论与方法》，林聚任译，商务印书馆2006 年版，第8 页。

的文化分析扩展到科学共同体的外部，认为"科学的内容受产生于科学外部的社会和文化因素的影响"①。赵万里曾指出，文本话语研究的基本主张是，"科学家对任何给定主题的说明是十分易变的（Variability），因而社会学家在将它们作为资料解释科学实践的性质之前，首先应该对这些说明本身，即科学家的话语，进行分析。"②

王彦雨曾对马尔凯的话语分析研究纲领的考察内容做了总结，他认为其研究内容包括：（1）科学话语的语言特征；（2）科学话语与其他非科学话语形式的相似性与相异性；（3）不同形式间的科学话语的语言差异；（4）话语主体、语言情景、语言对象、话语的形式对科学话语的语言的影响；（5）科学话语与科学实践的关系；（6）科学话语在科学知识的形成、评价与传播过程中的作用；（7）关于科学的一些传统概念③。

因此，知识社会学家重要任务之一，是描述科学对现代工业社会的文化资源的吸收、重新解释和更新的动态的社会过程。从马尔凯所提倡的观点来看，他认为科学不应该被当作是一个有特权的社会学例子，不应把它与其他文化成果领域区分开来。相反，他认为应该尽一切努力去研究科学家如何受大的社会环境的影响，并说明科学文化成果与其他社会生活领域之间的复杂联系④。

马尔凯的话语分析研究纲领是从语言学视角，以各种形式的科学话语作为研究对象，并通过微观的分析视角来说明科学知识的社会建构性质⑤。在精细地分析科学话语中的语言特征与语言组织模

① ［英］迈克尔·马尔凯：《科学与知识社会学》，林聚任译，东方出版社 2001 年版，第 150 页。

② 赵万里：《科学的社会建构》，天津人民出版社 2002 年版，第 253—254 页。

③ 王彦雨：《科学世界的话语建构——马尔凯话语分析研究纲领探析》，博士学位论文，山东大学，2009，第 56 页。

④ M. Mulkay, *Sociology of Science*, Blooming: Indiana University Press, 1991, p. 6.

⑤ 王彦雨：《科学世界的话语建构——马尔凯话语分析研究纲领探析》，博士学位论文，山东大学，2009，第 177—178 页。

式上，马尔凯不但分析了科学家如何通过语言策略与技巧建构科学世界，还分析了科学话语中两种言辞表的运用特征及转换模式。这就打破了传统观点关于科学话语与科学实践之间所作的反映论逻辑。

（二）SSK 的基本观点阐释

首先，消解了科学主义的科学文化的霸权地位。SSK 否认科学文化具有比其他文化更多的真理性和优越性，表明了科学文化与人文文化一样的认识论地位。"在 SSK 学者看来，科学就是一种文化，也是处在一定社会建构过程之中的信念，它是相对的，没有名副其实普遍有效性，不存在科学的理性、客观性和真理的普遍标准"①。在 SSK 看来科学知识并不必然是真信念，科学知识必定会受到历史条件、社会环境等的外在制约，是与特定背景或语境中进行的特定实践或程序相联系并通过学习获得或继承的，知识的可靠性不是通过个人的辩护得到的，而是依赖于社会集体的权威。不仅如此，SSK 还认为科学学科与认为学科的界限是模糊的，是可以对科学进行人文社会科学的交叉研究的。巴恩斯指出，"学科间的界限是约定性的，要使这些界限具体化，要把它们视为内在于不同领域或不同学科之间的不可违背的界限，肯定是一种错误"，而"这些界限与保护和维持这些社会集团自身的认知权威、智力霸权、职业构成以及借助于这些界限能够控制的其他的经济和政治力量直接相关"②。

其次，提出了相对主义科学本质观和建构主义的科学认识论。SSK 否定了自然界在科学知识产生过程中的决定作用，认为科学知识在本质上是由社会建构的。以实验室研究为例，SSK 认为科学知识不仅受实验室内部的社会交往因素（实验者个人权威、人际交

---

① 谭萍：《科学知识社会学：缘起、发展及启示》，《中州学刊》2006 年第 2 期，第 99—100 页。

② ［英］巴里·巴恩斯、大卫·布鲁尔、约翰·亨利：《科学知识：一种社会学的分析》，邢冬梅、蔡仲译，南京大学出版社 2004 年版，第 211 页。

往模式等）制约，还受到实验室外部的社会环境的制约，诸如资金注入、政府运作、社会观念等。例如，谢廷娜曾指出："在实验室里我们找不到描述主义所看重的事实和现实，实验室所表现的是尽可能排斥自然而不是包含自然于其中。"① 柯林斯也认为，"在科学知识的构造中，自然界仅仅担当极小的或微不足道的角色，甚至根本就不起作用。"② 不仅如此，SSK 还表明了科学具有极强的语境性和地方性的特点。由于科学知识是科学家在实验室中建构出来的，因而渗透着协商和妥协的结果，并非纯粹理性的产物。在 SSK 看来，科学知识本身是与语境相关的，是一种地方性的知识，对此马尔凯曾指出："至此，我已提出一个基本观点，即科学的内容就产生于科学外部的社会和文化因素的影响。③" 可见，社会性因素对知识具有更强的制约作用。

最后，通过对科学争论的研究得出了科学知识评价是社会磋商和科学争论的结果。柯林斯作为巴斯学派的代表人物提出了经验相对主义的纲领，更好的贯彻了强纲领的相对主义原则。柯林斯详细的分析了科学争论的过程并将之分为三个时期，解释弹性期（Interpretative Flexibility）、争论终结期（Closure）、社会极大影响终结理论期（Large Social Influences on Closure）。SSK 表明了科学知识的稳定性是通过科学家的社会磋商的共识，而并不必然是对客观世界的"镜像反映"，这种科学知识只是在特定的社会文化背景下具有合理性的意义。科学商谈的过程也是一个所谓的科学文本分析的过程，在这一过程，科学修辞、个人权威、语言风格、利益分配关系等对科学知识的达成和科学评价之重要的作用，属于一种集体认

---

① ［美］卡林·诺尔·谢廷娜：《制造知识——建构主义与科学的与境性》，王善博等译，东方出版社 2001 年版，第 6 页。

② Collins · Harry M. , "In the Empirical Program of Relativism", *Social Studies of Science*, No. 6, 1981, p. 3.

③ ［英］迈克尔·马尔凯：《科学与知识社会学》，林聚任译，东方出版社 2001 年版，第 143 页。

识论的科学知识，正如巴恩斯指出，"事实是被集体界定的，任何知识体系由于其制度特征，必然只包含集体认可的陈述。"①

（三）SSK 的理论困境及出路

20 世纪 70 年代 SSK 在欧洲的兴起体现了欧洲 STS 的第一次繁荣，科学知识社会学不仅在科学的社会学研究占有了主导的地位，而且对科学哲学、科学史甚至从事科学研究的科学家本身都产生了重要的影响，其影响范围不仅局限于欧洲，并迅速扩张到美国，对美国默顿传统的科学社会学产生了极大的影响，并一跃而成为对 Science Studies 的主流派别。但随后便招来以科学家为代表的实在论者和哲学家中本质主义者的批评，批评最多的当属 SSK 的相对主义取向。认为 SSK 实际上是在提倡一种怀疑主义，目的是为了消解科学理性的合法地位。例如，劳丹在批评强纲领的反身性原则时指出，"如果任何信念均非理性思考或有见识的评价的结果，而仅仅决定于信仰者的社会境况的观点成立，那么认识社会学的整个事业将是自相矛盾的。因为如果一切信念均是社会造成的，那么认识社会学家本人的信念也就没有理性而言，因而也就没有什么特别的理由要求被接受。"② 哲学家牛顿·史密斯对相对主义提出了激烈的批评，认为"这一命题在其中得以阐述的框架是没有解释力的。因为它事实上把整个科学事业变成了不可思议的事物。"③ 物理学家威尔逊认为，SSK 的实践者没有在科学实践与科学知识之间做出恰当的区分，没有把科学理解为在科学实践与科学知识的互动中进步的事业，他们由对科学实践的研究直接得到关于科学知识的结论不能令人信服④。SSK 的相对主义原则使对科学知识的考察由

---

① ［英］巴里·巴恩斯：《科学知识与社会理论》，鲁东译，东方出版社 2001 年版，第 24 页。

② ［美］拉瑞·劳丹：《进步及其问题》，刘新民译，华夏出版社 1999 年版，第 205—206 页。

③ ［英］W. 牛顿·史密斯：《相对主义与解释的可能性》，《哲学译丛》2000 年第 2 期，第 20 页。

④ G. Willson. "Science as a Cultural Construct", *Nature*, No. 6, 1997, p. 386.

"自然决定论"走向了"社会决定论"。在对待强纲领的公平性原则上，拉图尔说，SSK 混淆了解释者和被解释之物的区分，将社会当作了被解释者，这种划定必然使得社会成为一个本体论意义上的实体，但却无法说明任何问题，SSK "从社会或者其他的社会集合体开始，却又以社会结束"①，而 SSK 学者从一开始就不是统一的"铁板"，在随着来自不同声音的批判中 SSK 也逐渐走向分化。

面对这种理论困境，欧洲的 STS 分化的路径包括两条：（1）从理论自身寻求突破点，使 SSK 从作为表征的科学观转向作为实践的科学、从强相对主义转向弱相对主义、从重规范的研究方法转向重描述的后 SSK 研究策略；（2）认为 SSK 的建构主义方法从理论上是没有问题的，作为一种带有普适性的研究策略，相对主义的建构论在分析科学知识遇到了困境，原因是科学知识本身的实在论特征和本质主义特点明显，于是一批 SSK 学者便将这种建构主义方法转移到社会影响因素更多的技术上来，形成了欧洲 STS 研究技术转向。

二 后 SSK 对科学知识社会学的发展与超越

1992 年，安德鲁·皮克林主编《作为实践与文化的科学》一书，论述了科学论（Sciences Studies）领域的几位代表人物之间发生的本体论意义上的"认识论的鸡"和认识论意义上的规则悖论之争，这标志着 SSK 内部的正式分化与后 SSK（林奇则称之为后建构主义）的产生②。

（一）后 SSK 的三个研究纲领

一般认为，后 SSK 包括三个比较成熟的研究流派，即拉图尔的行动者网络理论、皮克林的冲撞理论、与林奇的常人方法论。

---

① Bruno Latour, Reassembling the Social: An Introduction to Actor – Network – Theory, Oxford: Oxford University Press, 2007, p. 8.

② Pickering, A., *Science as Practice and Culture*, Chicago: The University of Chicago Press, 1992, pp. 215 – 389.

行动者网络理论（ANT）。20 世纪 80 年代中期，主要由法国社会学家拉图尔、米歇尔·卡隆（Michel Callon）、和约翰·劳（John Law）为核心的科学知识社会学的巴黎学派，对实验室研究遇到的"内部"和"外部"、"认识"和"社会"、"宏观"和"微观"问题进行了分析，并结合实验室人类学研究及法国后结构主义，提出了一种新的研究纲领，即行动者网络理论（Actor - Network Theory，以下简称 ANT）。早期的拉图尔是科学知识社会学的坚定拥护者，后来发生了转向，其标志就是行动者网络理论的提出。1986 年《实验室生活——科学事实的社会建构》再版时，拉图尔删除了副标题"社会"两字，从而变成了《实验室生活——科学事实的建构过程》，旨在淡化科学的社会建构色彩。

ANT 在技术上它可被描述为"物质—符号"（Material - Semiotic）方法，它提出了行动者（Agency）、转义者（Mediator）、网络（Network）等概念，用"行动者"概念包括了科学实践活动的人类要素和非人要素，即凡是参与到科学实践过程中的所有因素都可以看作是行动者，行动者存在于实践和关系之中。ANT 的理论内涵主要包括：（1）不同的行动者在利益取向、行为方式等方面不同，所有的行动者网络的构成都是异质的，异质性是通过广义对称性原则来达成一致的；（2）通过转移过程建构行动者网络；（3）拒绝传统的二元论观点，提出广义的对称性，广义的对称性不同于强纲领的对称性，是行动者网络理论的核心主张，即要完全对称地处理自然世界与社会世界、认识因素与存在因素、宏观结构与微观行动等等这些二分事物。实际上是取消了 SSK 没有解决的自然与社会、主客二分的观点。正如拉图尔指出，"我们的广义对称性原则不在于自然实在论和社会实在论之间的替换，而是把自然和社会作为卵生的结果，当我们对两者中的一方更感兴趣时，另一方就成了背景。"①

---

① Michel Callon, Bruno Latour, "Don't Throw the Baby Out With the Bath School! A Reply to Collins and Yearley" In Andrew Pickering （Ed.）. *Science as Practice and Culture*, Chicago：Chicago University Press, 1992, p. 348.

（4）科学知识的形成就是形塑自然和社会的互动过程。在 ANT 看来，整个行动者网络就是由当时的自然与社会、人与非人的行动者构成的，因此，行动者网络既形塑了自然与社会，自然与社会也形塑了行动者网络。

由此我们可以看出 ANT 的一些基本理论原则：（1）公平性：即要求分析者将所有的行动者都包含在网路内，人与非人、个人与机构等都是具有力量来行动的行动者；（2）一般对称性：自然与社会必须一起解释，应当将两者结合起来，不应仅局限于单一方面的思维，自然与社会都将影响结果；（3）自由结合原则：行动者可以跨越许多观念上的间隔，诸如地方与全球、自然与文化、社会与技术等而连接在一起。因此，ANT 试图把科学理解为一种实践过程，理解为各种异质的文化因素的建构，从而形成一种实践建构论，其目的是将科学实践中融入的所有异质性的文化因素，在实践的开放性过程中历史性地注入到科学实践，成为了科学文化的内在组成①。正如劳斯认为，"反思科学实践的异质性及其形成、扩展和遭遇挑战的多样而又整体化的方式，很容易表明这种把科学探究作为一个生物的、心理的或社会的过程而加以限定的研究进路是不充分的"②。由此可见，实践建构论不仅为容纳已有的多种理解科学的不同方式提供了空间，而且也为引入新的理解方式开辟了通道。

常人方法论（Ethnomethodology）。常人方法论起源于哈罗德·加芬克尔，是人类学民族志研究的一个重要分支。其著名论断是"方法的唯一适用性要求"，即"每一个自然科学在其自身认定的完整性中被发现，作为一种关于实际行为的特性鲜明的科学的专业性的物质性内容……是不可与任何一个其他的发现科学

---

① 郭明哲：《行动者网络理论（ANT）——布鲁诺·拉图尔科学哲学研究》，博士学位论文，复旦大学，2008，第 16—117 页。

② Rouse Joseph, *Engaging science：How to understand its practices philosophically*，Cornell University Press，p. 177.

相互转换的。"① 马尔凯将常人方法论研究引入到科学知识社会学中。对常人方法论的科学知识研究贡献最大的是林奇，他在批评SSK 的建构主义时指出，"所有的建构主义研究的一个共同特点，就是拥有太强的其自身的观点所支撑不起来的形而上学锋芒。②"而林奇和他的常人方法论则代表着对实践活动的一种精致探讨，旨在通过实践的内在有机性来把握实践，并且挑战任何置身于科学实践和科学知识之上进行理解的学科霸权。

常人方法论对科学的研究，同科学的社会建构一样，秉承着建构论的科学主张，但取代把科学作为社会建构的结果，视科学为一种情境性内在生成的地方性成就，常人方法论对科学的研究，在相当程度上克服了科学的社会建构遭遇的主观性和非理性的指责，以对内在具体实践的把握，超越了对外在抽象实践的说明，在区别于传统理性和规范科学观的意义上，点明了科学所具有的理性和客观性的特质，在一定意义上实现了科学的理性和客观性的回归③。每一个科学发展出一种技术统一体，这个技术统一体反过来又促进了一系列建立在这个科学的全集和其他的既成的学科之间的方法论的和认识论的分野。"④

冲撞理论。皮克林在《实践的冲撞——时间、力量与科学》(1995) 一书中，集中阐述了他的冲撞理论。皮克林认为，"实践的、目标指向的以及目标修正的阻抗与适应的辩证法，就是科学实践的一般特征。这也正是我称之为实践的冲撞，或者说冲撞的要旨所在。"⑤

① Garfinkel et al. , "Respecifying the Natural Sceince as Discovering Sciences of Practical Action" *in the Conference at Calgary University*, 1993, p. 2.

② Michael Lynch, *Scientific Practice and Ordinary Action: Ethnomethodology and Social Studies of Science*, Cambridge: Cambridge University Press, 1993, p. 101.

③ 邢冬梅:《作为生成的建构与作为构造的建构——对科学的常人方法论研究》，《哲学分析》2010 年第 3 期，第 141 页。

④ Michael Lynch, *Scientific Practice and Ordinary Action: Ethnomethodology and Social Studies of Science*, Cambridge: Cambridge University Press, 1993, p. 277.

⑤ ［美］安德鲁·皮克林:《实践的冲撞——时间、力量与科学》，邢冬梅译，南京大学出版社 2004 年版，第 20 页。

皮克林认为，"从表征性语言描述转向操作性语言描述来理解科学，具有相当的历史合理性。对科学的表征性语言描述可能适合于经典的裸眼观测的天文学，我们今天的科学研究则与各种各样的机器携手并进"①，皮克林对科学的基本理解是：科学是操作性的，在其中，行动，也就是人类力量与物质力量的各种操作居于显著位置。科学家是他们借助于机器奋力捕获的物质力量领域的行动者。进一步说，在这种奋力捕获中，人类力量与物质力量以相互作用和突现的方式相互交织。它们各自的轮廓在实践的时间性中突现，在实践的时间性中彼此界定、彼此支撑。皮克林认为，"表征性语言描述视科学为寻求表征自然并产生描摹、映照和反映世界的真实面貌的知识的活动。正是因为这样，它陷入了关于科学是否恰当地表征了自然的恐惧之中，这种恐惧构成了我们所熟悉的实在论与客观性的哲学问题。"②

皮克林用"冲撞"一词来描述实践过程中各式各样行动者之间辩证的博弈过程，认为，"捕获及其特性只能是发生。这便是突现的基本含义，一种在时间中发生着的纯正的偶然""纯粹的偶然性构成性地融入我们所理解和把握的冲撞模式中，并且这种构成性融入完全可以解释将要发生的事情。"③

冲撞理论是从后人类主义者的角度来理解科学实践的，在这种后人类主义看来，人类力量和非人类力量"内在地彼此联系，在循环中、突现中相互界定、相互支撑。""做一个传统的社会学家势必是一个人类主义者；做一个物理学家势必是一个反人类主义者（在专业实践意义上）。但是冲撞则消解了强加在这些争论和学科间的分明界限……使人类力量与非人类力量在同一时间出现，而且以各种不同的方式坚持人类力量与非人类力量相互交织与相互界

① ［美］安德鲁·皮克林：《实践的冲撞——时间、力量与科学》，邢冬梅译，南京大学出版社 2004 年版，第 8 页。

② 同上书，第 5 页。

③ 同上书，第 21 页。

定……瓦解了人类主义与反人类主义者之间截然分明的界限，进而转向后人类主义者的空间……人类不再是发号施令的主体和行动中心。"①

（二）后 SSK 对 SSK 的超越

首先，后 SSK 使科学观从表征走向实践。在 SSK 看来，科学是作为知识、作为文本而存在的，其基本的特征就是认为科学知识是社会建构的而非自然理性的，体现了一种表征性科学观。"所谓表征性科学就是视科学为寻求表征自然并产生描摹、映照和反映世界的真实面貌的知识的活动"②。而后 SSK 则反对表征性科学观，认为科学是作为实践而存在的。后 SSK 反对从静态角度去理解和描述科学，提倡"用对科学实践本身的考察取代对科学的回溯性说明，用干预视角的科学的说明去取代用观察或描述视角的科学说明，用科学的操作性语言描述取代对科学的表征性语言描述。"③因此，在实践优位的认识论看来，科学知识最终是建立在生活经验基础上的，实践背景是科学理解的预设前提，正如劳斯所说："科学研究是一种审慎的活动，它发生于技巧、实践和工具的实践性的背景下，而不是在系统化的理论背景下。"④ 后 SSK 强调科学的实践性，并不代表它排斥科学的自然因素，实际上在 ANT 那里，所有的因素包括自然的、社会的、物质的以及思想性的前提都是作为行动者来介入科学知识的实践建构的。

其次，后 SSK 使强相对主义转向了弱的建构主义。SSK 强调用社会因素代替自然因素来解释科学知识生成的原因，其结果是不但没有打破自然与社会的分裂，反而是由自然决定论滑向了社会决

---

① ［美］安德鲁·皮克林：《实践的冲撞——时间、力量与科学》，邢冬梅译，南京大学出版社 2004 年版，第 22 页。

② 同上书，第 4 页。

③ ［美］安德鲁·皮克林：《作为实践和文化的科学》，柯文、伊梅译，中国人民大学出版社 2006 年版，第 1 页。

④ ［美］约瑟夫·劳斯：《知识与权利：走向科学的政治哲学》，盛晓明等译，北京大学出版社 2004 年版，第 101 页。

定论，加剧了自然与社会的分裂，造成了强的相对主义。而后SSK则彻底打破了主客二分、自然与社会的对立界限，提倡将所有参与科学知识社会建构的物的因素与人的因素称为"行动者"，对称性地对待自然与社会因素在建构科学知识上的作用，认为科学知识就是各种行动者在社会环境共同博弈的结果。阎莉指出，后SSK不再将实验室的结果看作是由单一因素决定，而是将实验室生产理解为一种符合自然主义诉求的实践过程，各种异质性的文化因素共同作用，构成了科学结果多样性发展的内在动态空间①。

再次，后SSK使对科学知识的研究策略从规范走向描述。拉图尔将这种方法论总结为三个方面：第一，对实验室生活进行的翔实考察，使我们获得了一种方法，可以去解决那些通常属于认识论者权限内的问题；第二，对这些微观过程进行的分析绝对不会获得关于科学活动任何特征的先验理解；第三，应该避免援引以实在或科学造就的东西的有效性来理解事实的稳定性，因为这种实在和有效性是科学活动的结果而不是其原因②。后SSK的这样一种研究策略主张体现在他们关注内在的科学实践上，刘鹏认为，在本体论上，SSK主张一种基础主义的社会实在论，后SSK则认同一种人类与自然相互作用的混合本体论；在认识论上，SSK采取一种静态的规范主义进路，试图寻找科学现象背后的社会利益根基，而后SSK则采取一种动态的描述主义进路，仅仅关注科学研究的过程；在科学观上，SSK仍然因循表征主义传统，关注的是作为表征与知识的科学，而后SSK则将科学视为实践，反对表征与还原③。

但是，这种所谓的后SSK实际上是新SSK，并没有完全批判与

①　阎莉：《实验室研究——SSK自然主义纲领的实现途径》，《山西大学学报》（哲学社会科学版）2010年第5期，第11页。

②　［法］布鲁诺·拉图尔，史蒂夫·伍尔伽：《实验室生活：科学事实的建构过程》，张伯霖、刁小英译，东方出版社2004年版。

③　刘鹏、蔡仲：《从"认识论的鸡"之争看社会建构主义研究进路的分野》，《自然辩证法通讯》2007年第4期，第48页。

解构 SSK 的基本框架和理论假设，而是在 SSK 的基础上进行了发展与超越，其基本观念仍然遵循了 SSK 的研究传统。正如前文所述，SSK 作为欧洲 STS 研究的主要进路在经历自身的逻辑困境之后有两种转向，一种是转向了从自身内部逻辑的发展与超越的后 SSK 研究；另一种是转向了从外部研究领域延伸与拓展的新技术社会学研究，也即 STS 的技术转向。

三 SSK 向技术研究领域的延伸 - STS 的技术转向

STS 研究向技术转向，其一是受西方哲学的技术研究的兴趣转向，20 世纪下半叶以来，实践问题逐渐成为西方哲学研究的重要问题，并有取代传统理论优位的哲学的趋势，在这样一个条件下，技术发展对人类社会以及人的自身存在状态带来的影响又逐渐突显出来，由是，作为实践活动的技术问题开始从哲学反思的边缘走向中心，受到哲学的关注，技术哲学的兴起，就是在这样一种力量的主导下形成的。STS 的技术转向第二个重要的原因是科学大战的爆发，建构主义科学观受到了科学家群体和实在论者的强烈冲击，科学知识能够被社会因素建构，科学知识在多大程度上被社会因素建构等观念受到质疑。因此，部分科学的社会建构论者为了缓和这一冲突，将研究主题转移到了社会建构色彩更浓的技术上面来。这种双重作用的影响使得 STS 的研究在 20 世纪 80 年代末 90 年代初从科学研究转向了技术研究。

1991 年，史蒂夫·伍尔伽提出的 SSK 的技术转向，他认为，由于难以分析 SSK 在实践中的关键矛盾，因而相对主义—建构主义的原初战略意义被打了折扣。特别是 SSK 作为说明规则的解释降低了将认识论问题重新概念化的潜力。对技术决定论以及某些经验研究的批评性考虑揭示了技术社会研究（SST）同样面临分析性难题。将"技术看作文本"的指令受到严格审查。这种审查的结论是，对"技术看作文本"这个口号的反思性解释有助于揭示建构主义从 SSK 走向 SST 的过程中认识论意义的缺失①。韦伯·比克（Wiebe Bijker）和特勒弗·平奇（Trever Pinch）指出，"对科学的研究和对技术的研究应该也确实能够相互受益。我们尤其认为，在科学社会学中盛行的、在技术社会学中正在兴起的社会建构主义观点提供了一个有用的起点。我们必须在分析、经验意义上提出一种统一的社会建构主义方法②。这种倡导用 SSK 中的建构主义的方法研究技术的观点，也为 STS 的技术转向形成了助力。

一般认为，技术的社会建构论研究主要有三种研究纲领：平齐和比克的社会形成技术（SST）；托马斯·休斯的系统方法；拉图尔和卡隆的操作子方法（也称行动者—网络理论 ANT）。其中，休斯是美国学者，其技术系统论的研究是从技术史的角度来考察大型技术系统的社会建构的，跟社会形成技术论有一定区别，因此，狭义的技术社会建构论只包括平齐和比克的 SST。安维复认为 SST 的研究纲领在社会建构主义转向了技术以后，主要有三个：来自爱丁堡学派的对称性纲领；来自法兰克福学派的社会批判纲领；来自布什亚瑞丽的工程哲学纲领③。

（一）技术社会建构论的研究框架

平齐和比克的技术社会建构论是在直接借鉴了爱丁堡学派布鲁尔的"强纲领"（1973）的概念和分析框架，参考了强纲领的"对称性"原则，而将之应用于对技术的史学和社会学考察的。平齐和比克提出了技术社会建构的核心概念。

解释和设计的灵活性（Interpretative Flexibility and Design Flexibility）。解释的灵活性是指任何一个技术人工物对于不同的社会群

① Steve Woolgar, "The Turn to Technology in Social Studies of Science", *Science& Human Values*, No. 1, 1991, pp. 20 – 50.

② W. Bijker, T. Hughes, T. Pinch, *The social construction of technological systems*: *New directions in the sociology and history of technology*, Cambridge: MIT Press, 1987.

③ 安维复：《社会建构主义的"更多转向"——超越后现代科学哲学的最新探索》，中国社会科学出版社 2008 年版，第 88—89 页。

体而言都有不同的意义和解释。平齐和比克论述了自行车的冲气轮胎对于一部分人来讲意味着交通的舒适性，但对于另一部分人来说则意味着力学的牵引问题、美学问题等等，尤其是自行车运动员更关注由于充气轮胎带来的速度减慢问题。这些替代的解释产生不同的问题需要解决。正是对于这种不同的社会群体带来的对技术的不同的解释建构出了技术设计的灵活性，技术设计者可以根据不同社会群体对技术的不同需求设计不同的技术人工物以满足技术解释的灵活性。

相关社会群体（Relevant Social Groups）。最基本的相关社会群体是技术人工物的设计者和使用者，但更多的是亚社会群体，例如不同经济地位、竞争性生产者等。也有的相关群体不是技术的使用者和生产者，而是记者、政治家、公民等。不同的相关群体在不同的技术问题解释上有共同或者分歧意见。

问题与争论（Problems and Conflicts）。对技术不同的解释往往容易导致不同标准之间的冲突，而难以解决技术的争论（例如在自行车案例中的一个问题就是，怎样让穿短裙的女性更体面地骑自行车？），或者是相关社会群体的争论（反自行车人士四处游说禁止自行车）。不同的社会群体在不同的社会中建构出不同的问题，并且导致不同的技术设计。技术的社会建构论的第一阶段是重新建构技术的可选择的解释，分析这些不同的解释导致的问题与争论，并将这些不同的信息反馈到技术人工物的设计中。

争论终止（Closure）。随着技术的演化，解释与设计的灵活性通过两种终止机制而结束：解释学终止（Rhetorical Closure），当社会群体所关注的问题解决，替代性设计需要减少，这往往是广告的作用；重新定义问题（Redefinition of the Problem），通过发明新的问题使得争论的设计能够得到稳定，例如充气轮胎的修辞学与技术问题的结束就是在充气轮胎赢得自行车比赛的时候。轮胎仍然是笨重与丑陋的，但是它确实解决了自行车的速度问题，这就推翻了对美学与技术问题关注的争论。

争论终止不是永久的，新的社会群体形成与再引入解释的灵活性，导致了关于技术的新一轮的争论与冲突。例如，19世纪90年代，汽车有可能被认为是比马车更加绿色的、环境友好的技术，但是到了20世纪60年代，新的社会群体引入了对汽车污染环境的新的解释，得出了与70年代不同的结论。SCOT的第二阶段就是来说明争论终止是如何达成的。

技术人工物与广泛的社会政治环境的关联（Relating the content of the technological artifact to the wider sociopolitical milieu）。这是SCOT的第三阶段。平齐与比克并没有详细论述这一阶段，这需要技术史学家与技术社会学家进一步研究。

（二）技术社会建构论的主要观点

首先，对技术做相对主义的社会学解释。SST不再以各个发明家作为技术研究的中心解释概念，坚持对科学信仰起源包括成功与失败模型、理论、实验、史学家和社会学家做同样地"对称性"的成功与失败的解释。传统的技术解释模式在于通过"客观真理"或者先天的"技术优势"来说明理论的成功，将理论的失败归因于社会解释（政治影响或者经济原因）。对此SST采取了一种相对主义和中立主义的立场来解释社会行动者对技术的接受和拒斥，他们认为应当对所有的结论（包括社会的、文化的、政治的、经济的、技术的）都要平等对待。

其次，反对技术决定论，强调技术是社会型塑的。SST拒斥技术决定论，技术决定论强调技术发展对社会变迁的决定作用，从而陷入了乐观主义与悲观主义、正效应与负效应两者选其一的进退维谷，在技术的本质问题上表现为技术自主论，在技术的社会作用问题上表现为技术决定论。而SST对技术的考察则不仅局限于技术对社会的影响，而是从政治、经济、社会和技术自身等各方面分综合考察各项因素对技术的形塑作用，称之为所谓技术与社会的"无缝的网"。由此可见，SST既区别于技术决定论，也不同于早期奥格本的技术发明社会学，完成了先前对技术社会学的"范式演变"。

再次，打开技术黑箱，从内部解释技术。受技术哲学经验转向的影响，打开技术黑箱，深入技术内部考察技术成为了技术人文社会科学研究的主要策略。SST 秉承了这一研究传统，认为技术不仅仅是由自然因素决定，并主张将技术与广阔的社会因素联系起来并进行案例研究，对技术进行内部的微观考察，因此，要重视工程师和设计者的经验工作，正如麦肯齐和瓦克曼指出，"成功的实践的工程师们总是知道，他们的工作是经济的组织性和政治性的，就如同是技术性的一样，他们知道一种设计如果太贵，如果不能吸引业主和顾客，如果它在使适应一种组织结构上是如此的贫乏，或者失去了政治上强有力的支持，那么即使它在技术上是可行的，也是失败的"①。

由此可见，SST 是在建立在 SSK 的研究方法上，加上对技术决定论的批判的前提下，并承接将技术作为社会学分析对象基础上的新技术社会学。长期以来，技术一直是淡化在欧洲 STS 研究视野的，如肖峰所说，对技术的历史、哲学和社会研究通常要滞后于对科学的同类研究，而对技术的上述研究通常要受到对科学的上述研究的影响②。但是，SST 的出现则标志着技术正式成为欧洲 STS 关注的对象。

第二节　美国 STS 的研究进路

美国 STS 经历了跟欧洲 STS 不同的研究进路，通过上一章的分析，美国 STS 的诞生也主要有两个来源，一个是源于战后美国总统科技顾问的产生，并由此形成了科技政策的进路。一种出现的略晚，源自于 20 世纪五六十年代的生态运动、环境运动、消

---

① Donald MacKenzie and Judy Wajcman, *The Social Shaping of Technology*, Berkshire: Open University, 1999, p. 15.

② 肖峰：《技术的社会形成论（SST）及其与科学知识社会学（SSK）的关系》，《自然辩证法通讯》2001 年第 5 期，第 42 页。

费者运动对思想领域的影响。这两种进路在实践中的不断发展形成了美国 STS 研究的两大领地，一种是对科技政策的关注，一种是在高等教育中的一系列 STS 项目的诞生，并形成了美国的 STS 教育。

一　从 STS 教育到 STS 科技政策研究的历史进程

（一）美国 STS 教育的发展历程

美国的 STS 诞生的最初形态就是 STS 教育。根据前一章的论述，美国 STS 始于 1964 年的哈佛大学在 IBM 公司的资助下建立的"技术和社会"计划①，这是美国第一个具有 STS 性质的研究计划。后来，康奈尔大学和宾夕法尼亚州立大学分别建立"STS 计划"，旨在开发"在大学本科水平上与全球问题有关的交叉学科课程"和意欲鼓励学生对社会的批判性反思与对科学、技术和社会的整体化理解，以便造就有知识的公民，使之有能力参与国家民主管理的过程。与此同时，斯坦福大学设立了"价值、技术、科学和社会计划"，试图把技术、科学放到更广泛的社会文化背景中加以考察，从哲学、伦理学、历史学、社会学、经济学等侧面，去分析、研究科学、技术与社会因素之间的相互影响和作用。这期间，纽约州立大学石溪分校、华盛顿州立大学、麻省理工学院等也建立了 STS 方面的计划。他们通过建立 STS 计划，用比较的、历史的和哲学的观点对科学技术进行研究，同时结合现代科学技术变革中出现的种种问题，探讨科学技术的社会背景，文化和个性的作用，科学、技术和政治经济等问题。

根据卡特克里夫的观点，STS 教育在美国的发展经历了三个阶段。第一个阶段，20 世纪 60 年代末到 70 年代，这一时期的 STS 教育主要是在理工科大学内由科学工作者和工程师参与的倾向于反

---

① ［美］史蒂芬·卡特克里夫：《STS 教育：20 年来我们学到了什么?》，《自然辩证法研究》，1992（增刊），第 49 页。

技术的观点；第二个阶段，STS 教育是由人文社会科学学者参与的，将科学技术看作是受社会价值的制约和影响的，并对科学技术的产生和影响做社会过程的评价和解释，而 STS 共同体则超越了对科学与技术的这种社会情境的分析。第三个阶段，STS 教育不仅是面向学校科学家和工程师，而是要提高公民的科学素养，培养了解社会并为社会服务的科学家和技术人才，培养了解科学技术及其后果，并能参与科学技术决策的共鸣，科学与工程师和人文及社会科学学者共同完成具有交叉边缘学科的 STS 教育。

因此，STS 教育无论是在大学还是中小学展开，其内容的变化无论如何，都是为了通过 STS 教育，培养具有 STS 意识及 STS 价值观，知识结构完善，有能力分析 STS 问题，参与社会重大问题决策的新型综合人才。实际上，"STS 教育"可以用来表示两种含义，一种含义是"关于 STS 的教育（Education about STS）"；另一种含义是"在 STS 这种学术领域内部的教育（Education in STS）"。前者是指上述作为一般市民教育的 STS 教育；后者是指作为为了培养 STS 研究者或专家的专门教育的 STS 教育。一般意义上高等学校设置的 STS 研究计划多数是指后一种意义的 STS 教育。而美国的 STS 则出现一种从作为专门教育的 STS 到一般市民教育的 STS 转变，这也表明了美国的 STS 不仅要求在专业领域的影响力，还要扩大其社会影响力，这也就使得美国的 STS 逐渐从重视教育的 STS 兴趣逐渐转移到注重科技政策的 STS 上来。

米切姆提出了美国 STS 的三种不同的研究与教育方向：（1）侧重于宏观的社会技术互动和管理的 STPP 或 EPP（Science Technology/ Engineering and public policy）研究；（2）侧重于科学技术社会文化背景的理论的科学技术研究，历史学家、社会学家和哲学家都把科学技术放到更广泛的社会文化背景来研究；（3）作为教育的 STS。它出现于 20 世纪 60 年代末 70 年代初，其主要目的是提高学生的科学技术素养，加深对科学、技术和社会关系的理解。

并在 70 年代中期逐步向中学和小学扩展①。可见，美国 STS 从一开始就是 STS 教育与科技政策研究交织在一起的，或者说，STPP 也是美国 STS 研究的重要组成部分。但是，在实际中，STPP 研究与 STS 却存在一定的区别。保罗·杜尔宾（Paul Durbin）认为，"STS 与 STPP 学者的来源基础都是相似的，他们都是对科学技术的有关问题感兴趣的科学家和工程师，或者是科技史学者或科学哲学工作者，但二者仍然存在区别，区别之一就是 STS 更多地受到了 20 世纪六七十年代反战和反技术运动的影响。而喜欢 STPP 名称的人往往对批评科学技术非常敏感，唯恐给人们留下反科学、反技术的印象，而 STS 学者往往批评科学技术。"②

（二）美国 STS 研究的政策转向

尽管如此，大部分美国学者还是将 STPP 作为美国 STS 研究的重要组成部分的，例如，海特威特认为，STS 包括两大类型；一类是政府研究；一类是人文学科的研究③。显然，他把有关科学技术政府方面的研究划归于 STS 领域。罗伊和勒纳把 STS 分为以下几类：（1）交叉学科的计划；（2）以工程和科学为基础的计划；（3）以环境研究为基础的计划；（4）政策导向的计划；（5）科学技术的历史学、社会学和人文学的研究计划④。其中，政策导向的计划指的便是科学技术的公共政策研究。

实际上，美国 STS 与 STPP 属于同源变迁的研究计划。STS 具有理论和知识色彩，而 STPP 是以政策和实用研究为导向，侧重实

①　Stephen H. Cuteliffe, "The Warp and Woof of Science and Technology Studies in the United States", *Prepared for Science &Technology Studies in Research and Education Conference.* Bareelona, Spain, 1992, pp. 6 – 8.

②　Paul T. Durbin, "Technology Studies against the Background of Professionalization in American Higher Education", *Technology in Society*, No. 11, 1989, pp. 443 – 444.

③　Albert H. Teieh, Barry D. Gold and June M. Wiaz, "Graduate Eduection and Career Direetions in Science, Engineering and Public Poliey", Washington DC: American Association for the Advancement of Science, 1986, p. 133.

④　Rustum Roy and Leonard J. Waks, "The Science, Technology and Soeiety", *Washington. DC*: American Association for the Advancement of Science, 1985, p. 2.

用研究，与政府关系密切。STS 研究倾向于普遍的理论，在这个意义上，可以把 STPP 看成是 STS 的一部分。尽管 STS 内部这种科学研究与技术研究的分离，哲学、社会学和科技政策研究之间的分离以及 STS 研究背景的差异，存在许多障碍和鸿沟，但科学技术的"社会建构"和"语境主义"等共同的概念的出现，为近年来转向科技政策研究提供了跟 STS 共同的话语平台，越来越多的 STS 学者关注 STPP 的研究。

不仅如此，实践转向的 STS 也是近年来 STS 研究中的主要发展趋势，实践转向也使得 STS 关注行动主义——即关注科学技术的公共政策。正如美国佐治亚理工大学苏珊·科岑斯（Susan Cozzens）在 4S 会议开幕式上提到，"在 STS 研究与政策行动之间需要更多的介入框架"；STS 研究聚焦于科技政策是美国 STS 重要特点，其研究范围包括：水的技术与管理、气候政治学与全球性问题、科学的私人化、技术与创新、技术评估、风险问题、规则的政治学、社会技术与科技政治学、STS 与政策和国际安全、新兴民主与科学的不确定性、社会技术与科技政治学关系等问题。

例如，亚当·布瑞格（Adam Briggle）分析了科技政策中的哲学问题。布瑞格认为哲学在科技政策制定的过程中扮演重要的角色，哲学家不但可以澄清并且评估技术价值，还可以提供一个预设的概念框架。但是，哲学家应该怎样在实践中整合到科技政策中去？布瑞格提出了三个整合的框架：（1）哲学家在伦理委员会的道德评估和科学研究的社会认可方面扮演重要角色，这些委员会可以是专业的（医院的复查程序），也可以是普通的（总统委员会）；（2）"嵌入伦理"的实践已经逐渐成熟，也就是说伦理学的工作直接与工程师和科学家的实验室相关；（3）哲学家通过向科学家输入伦理学思想并且评估其科研报告，正在逐渐介入对科学研究的"广泛影响"。

埃里希·斯黔克（Erich Schienke）分析了科学研究中的伦理

学维度。提出要增加传统的行为责任研究（RCP）的教育（程序
伦理学），一方面要增加其广泛的社会影响（外部伦理学）；另一
方面要指导伦理学是怎样嵌入到研究和分析中去的（内部伦理
学）。斯黔克认为用这种方式推进伦理学研究的培训，对于与伦理
学相关的科学研究可以提供一种综合性理解，并且使科学家不仅以
一种科学责任意识来思考，还可以思考科学在回应社会需要方面
（即回应性科学）所承担的角色。在伦理学研究课程中，无论是广
泛的社会影响（外部伦理学）还是嵌入价值（内部伦理学）的教
学都能够帮助促进实践科学家的伦理学认知，并且提供科学研究伦
理学维度（EDSR）的概念框架。

　　以上这些研究都是 STS 中科技政策研究的一部分，但这表明了
美国 STS 学者对科技政策研究的重视。柯林斯将这种以专家知识与
经验知识研究为主要内容的科技政策研究称之为"科学研究的第
三波"（The Third Wave），或称"政策转向"（Policy Turn）①。这
表明了 STS 学者进入公共政策领域的专家体制，通过"圆桌会议"
说服科学家、政治家、企业家、媒体和其他政策精英接受其知识观
和科学观的新的 STS 发展动向。

二　从技术决定论到社会建构论

（一）技术决定论的表现形态

　　"技术决定论"大约产生于 20 世纪二三十年代。1929 年凡勃
伦在其《工程师与价格系统》中首次提出技术决定论这一概念。
后来陆续被早期 STS 学者使用并阐述，例如，托马斯·休斯
（Thomas Hughes）在批判技术决定论时谈到，技术决定论是一种
"关于技术力量决定社会和文化变化的信仰"②。温纳（Langdon

①　Collins and Robert Evans, "The Third Wave of Science Studies: Studies of Expertise and Experience", *Social Studies of Science*, No. 2, 2002, pp. 235 – 296.

②　M. R. Smith and L. Max, "The Dilemma of Technological Determinism", *Does Technology Drive History?*, Cambridge : MIT Press, 1994, p. 80.

Winner）发展了技术决定论的核心概念，对"技术的自主性"加以概括，认为技术决定论把技术看作社会变化的根本原因；大规模技术系统有其操作原理，与人类介入无关；个人可被技术的复杂性所淹没①。

《自然辩证法百科全书》对技术决定论的解释是"技术决定论通常是指强调技术的自主性和独立性，认为技术能直接主宰社会命运的一种思想。技术决定论把技术看成是人类无法控制的力量，技术的状况和作用不会因为其他社会因素的制约而变更；相反，社会制度的性质、社会活动的秩序和人类生活的质量，都单向地、惟一地决定于技术的发展，受技术的控制"②。

布鲁斯·宾伯（Bruce Bimber）提出了技术决定论的三种形式，包括：规范性的表述、法则学的表述和非意向表述③，并指出，哈贝马斯、埃吕尔、芒福德、马尔库塞等关于技术的看法都近似于他所说的技术决定论的"规范性表述"。在 STS 研究中，技术决定论的表现形式主要有：技术悲观主义和乐观主义、技术自主论、技术统治论等三种。

在技术决定论的视界中，无论是技术悲观主义还是乐观主义，都单纯关注技术对社会的影响，并认为技术是影响社会的唯一性决定因素，遵循了一种单向的线性思维。因而只有技术决定社会的一面，而忽视了社会对技术的制约，是一种单向性的决定作用。在技术自主论看来，技术是一种自主和自律的力量，有自己不受社会作用的独立的逻辑，技术的发展是一种不受制于外部条件的、与社会不关联的过程，它可以不依赖社会而完全自主地能动地发展。而在技术统治论是技术决定的极端形式，技术自主性通过技术系统与环境的关系，使技术作用于社会，造成社会的变化，在这一过程中，

---

① Langdon Winner, "On Criticizing Technology", *Public Policy*, No. 4, 1972, p. 20.

② 《自然辩证法百科全书》，中国大百科全书出版社 1995 年版，第 225 页。

③ Bruce Bimber, "Three Faces of Technological Determinism", *Does Technology Drive History?*, Cambridge : MIT Press, 1994, pp. 81 - 82.

技术是自变量，社会是因变量，技术可以直接地决定社会结构，从而以技术关系来代替所有制关系，于是社会形态的演变主要地甚至唯一地就是技术形态的演变，形成一种技术理性僭越，这就是技术统治论的集中表现。因此，在美国 STS 兴起之初，无论是人文主义的思想家对科学技术进行的理性批判和人文主义反思，还是奥格本的技术发明社会学实际上都是表达了这样一种技术决定论的思想。

（二）社会建构的技术系统论

美国 STS 技术社会建构论的代表人物是著名的技术史学家托马斯·休斯（Thomas Hughes），休斯是通过技术系统论展开他的社会建构思想的，技术系统方法通过强调与境以试图打破社会与技术的二元对立，这激发了技术的社会建构论者对技术发展过程中各个组分的作用的思考，从而产生了"异质工程"和"行动者网络"的技术社会建构研究理论，就连欧洲的社会建构论者都声称自身"对技术创新和设计的异质性的坚持是受到休斯的影响的"[①]。

将技术看作系统并不是休斯的首创。最早将一组技术定义为系统的是芒福德。通过前一章的论述，芒福德的"大机器"包含了工具、机器、知识、技能和艺术的一种技术的复杂体，之后还包含了存在于技术问题解决复杂体中的各种机构[②]。实际上就是一种技术系统的观点，后来埃吕尔也曾用系统的观点看待技术，但早期的技术系统思想都无一例外走向了技术自主论。

休斯也赞成现代社会的技术系统的"大机器"特征，认为随着现代技术的发展出现了电力、铁路等大技术系统，并不断地对组织、社会等其他系统产生深刻而巨大的影响。但与芒福德、埃吕尔

---

① Michael Thad Allen, Gabrielle Hecht, *Technologies of Power*, Cambridge：The MIT Press, 2001, p. 15.

② 杨志刚：《技术系统和创新系统：观点及其比较》，《软科学》2003 年第 17 期，第 74 页。

不同的是，休斯认为技术系统本身是凌乱的，其系统划界并不清晰①。一方面表现为技术系统内的各要素之间的结构和关系的松散与模糊上；另一方面又表现为技术系统的边界划分不明显。休斯将一些属于技术系统外部社会环境的要素与一部分的技术系统的内部要素看作是技术系统的"保护带"，并提出了技术系统的落后突出部（Reverse Salient）、技术动量（Technological Momentum）等概念来论述其技术系统观，使得他的技术系统观带有了明显的社会建构论的色彩，这也是休斯的技术系统观与埃吕尔技术系统论的最基本的区别。

在休斯看来，"技术系统"是近现代技术发展图示的基本特征，他认为"从"二战"之后，大系统——能量、生产、通信和交通——才构成了现代技术的本质"②。他否定了那种将近代技术与"各种物体，如电灯、广播、电视、飞机、汽车、电脑以及核导弹连接起来"的做法，因为"这些机器仅仅只是组织化程度更高和控制程度更高的技术系统的一些组分而已"③。在休斯看来，构成技术系统的组分（Components）不但包括诸如涡轮机、变压器以及电灯和电力系统中的传输线此类的技术人工物，还包括了组织如制造公司、公用事业公司、投资银行等，以及组织中科学的成分如书籍、文章和大学教育以及研究计划等。并且，立法人工物如管理法规也被视为技术系统的一部分④。作为技术系统中最本质的部分，技术人工物是技术系统的内核，也是技术风格最直接的体现者和决定性因素。而技术系统中的非技术人工物如技术传统、政策、社会、地理状况等因素则是技术人工物的"保护带"，他们围绕着

① 郑雨：《技术系统的结构——休斯的技术系统观评析》，《科学技术与辩证法》2008 年第 2 期，第 71 页。

② Thomas P. Hughes, *American Genesis*：*A century of invention and technological enthusiasm 1870 - 1970*，New York：Viking Penguin，1989，p. 184.

③ Ibid.

④ Bijker W, Hughes T.，*The social construction of technological systems*，Cambridge：MIT Press，1987，p. 51.

技术人工物特性起到对外反弹和对内调试的作用。

　　休斯的技术系统与埃吕尔技术系统一个重要的不同是休斯提出的技术系统的建立者（system builder），在休斯看来，是系统建立者发明并推动了技术系统的前进，系统建立者的主要任务是协调和整合各种异质性元素，他们是"关键决策的最积极的制定者，能够从多元性中建构一致性，在多元论面前集权，从混乱中建立连贯性"①，休斯称系统建立者的这种活动为建构性的活动，类似于约翰·劳的"异质工程师"。系统建立者并不是一个个人，随着系统演化到不同的阶段会需要不同的才能，不同的人会承担起系统建立者的角色。休斯用"企业家"来描述系统建立者，因为系统建立者更强调的是一种一般性的属性，而不是专家性的属性。因此这表明了技术系统的组分是社会建构的人工物。

　　休斯提出了技术环境的概念来区分技术系统的内部组分与外部环境。休斯认为是否受控于系统从而与系统本身存在互动是判断是否是技术环境的一个首要因素。技术环境通常都由难以应付的不受系统管理者控制的因素组成，一旦环境中的某个因素服从于系统的控制了，那么它就成为了系统的互动成分。技术系统所存在的环境有两类：一类是系统所依赖的环境；另一类是依赖于系统的环境。但这两种情况下系统和环境都不存在互动，仅仅是单向的影响，因为这些环境都不受系统的控制。影响系统的环境因素和依赖于系统的环境因素都不应该被错误的视为是系统的组分，因为它们都与系统不存在互动。技术系统本身具有任务导向型特征，这样随着时间，技术系统趋向于将环境整合到系统当中，从而消除各种不确定性来有效实现系统的目标。系统控制的理想状态是一个没有环境的闭合系统，因为在这样一个系统中，管理者仅仅依赖科层制、惯例和去技能就可以消除不确定性和自由。但从某种意义上说，这样系

---

　　① Bijker W, Hughes T., *The social construction of technological systems*, Cambridge：MIT Press, 1987, p.52.

统管理者也会变得越来越缺乏想象力，削弱了系统的活力。在此可以看出，休斯并没有把组织和制度因素视为技术系统的环境或与境，因为组织一般是系统建立者创造物，因而是技术系统的组分，与系统之间存在密切的互动，不能被视为外生的环境因素的。

在对待技术系统演化上，休斯又提出了技术动量的概念用以区分他与强社会建构论的区别。当一个技术系统经历了增长和固化进入成熟期之后，就趋向于是一个闭合系统，便会获得一定的动量与惯性，靠技术系统内部动力便能驱动其自身的发展了，高度的动量通常使得观察者得出某个技术系统变得自主了的结论，但休斯认为"技术系统是获得了动量，而不是变得自主了"①。休斯解释说，系统在演化过程中人类行动者和非人类行动者会形成既得利益组织和社会规则，这种社会规则会试图保持自身稳定的增长和方向，从而使得系统表现出一种貌似自主的趋势。而实际上，技术动量概念所强调的是整个技术系统尤其是商业考虑、政府机构、专业的社团、教育机构和其他组织等所形成的既得利益组织和社会规则，所以技术动量强调的是技术的社会属性。技术动量的概念其实是对建构论经常遭遇的反身性问题做出了回应，即技术系统方法并没有预设技术系统是自然而然存在的，而是由其背后的"权力"因素推动的。休斯强调说要"不仅关注在一个既定与境下发挥作用的各种力，也要关注正在发展的技术系统的内在动力"②。从此种意义上看，休斯的技术系统论又是一种弱的社会建构主义。

三　实在论建构论与政治学建构论的转向

社会建构论在美国 STS 领域的胜利也召来了众多批判与反思，

---

① Robert Kirkman, "Technological Momentum and the Ethics of Metropolitan Growth", *Ethics*, *Place and Environment*, No. 3, 2004, p. 129.

② Thomas P. Hughes, *Networks of Power: Electrification in Western Society*, 1880 – 1930, Baltimore: The Johns Hopkins University Press, 1983, p. 2.

一个是来自科学社会学内部对社会建构论研究方法的反对，代表人物是默顿学派的重要成员史蒂芬·科尔（Stephen Cole）；另一个是来自科技政治学代表人物兰登·温纳（Langdon Winner）从技术的社会价值层面对社会建构论的外部审视。

（一）实在论建构论对科学社会建构论的超越

科尔是默顿的学生，也是后默顿时代科学社会学的重要代表人物。科尔从两个方面批评了社会建构论的思想，首先，科尔并没有完全否认社会因素对科学知识的影响，但社会建构论者的错误在于他们常常混淆社会因素和个人的心理、情感因素对科学知识的影响，并将个体的心理因素的影响当作科学知识的决定因素，正如科尔指出，"社会建构主义者没有清楚地区分社会的影响和认识的影响，对此他们存在着混乱之处。他们经常将认识心理学或个性心理学意义上的决定看成社会性的决定，因为这种决定是在社会环境中做出的。"① 从而使社会建构论陷入了一种彻底的相对主义，科尔强烈批判这种社会建构论的这种相对主义，认为"建构论者在认识论上的这种相对主义立场，实际上阻碍了社会学家去理解科学家的行为。这种立场迫使我们去否定经验事实的重要性，把所有科学家都视为被自己事业的性质所哄骗。"②

其次，科尔认为社会建构论在社会过程和科学知识的成果之间并没有建立起良好的桥梁，虽然社会建构论从微观从面上强调了社会因素对科学知识的影响，但没有明确说明科学知识的哪些方面受到了影响，科尔提到，"论证不应该只是社会变量是否影响科学，而应该是确凿的什么样的社会变量以什么确凿的方式影响了科学"③。建构论者在解释社会因素如何能够决定科学思想的具体内

① ［美］史蒂芬·科尔：《科学的制造——在自然界与社会之间》，林建成等译，上海人民出版社2001年版，第79页。
② 同上书，第78页。
③ 同上书，第87页。

容又决定哪一种思想被当作重要的真实的成果来接受的问题上是失败的。

科尔在沿袭传统科学社会学的研究基础上，通过摒弃社会建构论彻底相对主义的弊病，同时又保留了建构主义的合理的方法，通过寻求社会因素来研究科学和打开科学的"黑箱"，提出了他的"实在论的建构主义思想"。

科尔承认对科学知识的研究应当成为科学社会学的研究对象，并通过核心知识和前沿知识的二分法来解释科学知识的客观性与相对主义的关系。科尔指出，"对科学社会学家来说，区分核心知识和前沿知识是必要的，因为这两部分知识有完全不同的社会特性。核心知识实际上具有被普遍认可的特征，科学家们将其正确性视为理所当然的，并将其作为他们研究的出发点。如果经验事实与核心知识不一致，那么它们往往会被忽略或拒绝接受。由于科学家们把核心知识看成是正确的，他们也就认为核心知识的内容是由自然规律决定的。而在前沿知识中，对于同样的经验事实，不同的科学家会得出不同的结论。科学家们并没有把前沿知识当作真理，而是当作个别科学家对真理的追求。"①

在科尔看来，核心知识是被科学共同体认可的、取得共识的知识，具有客观性和真理性的特征，科学社会学在解释核心知识上的研究策略是成功的，他们肯定了自然科学对核心的作用，正如科尔指出，在实在论的建构主义者看来，自然界对科学认识的内容不是没有影响，而是有某些影响。较之社会过程的影响而言，这种自然界的影响的重要性程度是一个变量，这一变量只有通过经验研究才能得以确定，我并不认为来自外部世界的材料能决定科学的内容，但我也不同意前者对后者没有任何影响②。在这一点上，科学社会

---

① ［美］史蒂芬·科尔：《科学的制造——在自然界与社会之间》，林建成等译，上海人民出版社 2001 年版，第 21 页。

② 同上书，第 2 页。

学跟实在论建构论是一致的。

而前沿知识是在核心知识以外的，尚未被普遍认可的知识，具有相对主义的特征。因此，在科尔看来，科学社会学在解释前沿知识上是力不从心的，社会建构在解释前沿知识具有理论优势，但同样的将核心知识作相对主义解释，取消科学的客观性和真理性上是错误的。正如科尔恰当的指出，"在促使社会学家考虑社会因素在自然科学知识生产中的重要性方面，相对主义或许是必要和有用的；但当人们想要详细考察社会因素和认识因素在评价新的成果是怎样相互作用时，相对主义这一曾经起过革命作用的方法就开始起阻碍作用了。"①

由此可见，科尔在传统科学社会学和社会建构论之间是持折中立场的，更确切地说他的实在论建构主义是建立在科学社会学和社会建构论基础之上的。科尔自己也承认，他的观点介于"右翼的"社会建构主义和"左翼的"传统实证主义之间。不过相比之下，他也许更接近建构主义者的立场②。他的实在论建构论在实在论与建构论之间架起了一座桥梁，成为后社会建构论时代重要的代表思想。

（二）政治学建构论对技术社会建构论的发展

温纳是美国著名的技术哲学家和STS学者，受埃吕尔思想的影响比较大。温纳的观点集中表现在两个方面，一个是他的技术自主性，温纳技术自主性的观点主要受埃吕尔的影响，在《自主的技术：失控的技术作为一个政治思想的主题》一书中，温纳系统论述其技术自主论的思想，首先，温纳认为，现代技术的高速进展的专门化、复杂性是个人难以掌控的，个人已经难以影响技术的发展，尤其是在信息技术时代；其次，通过提出技术漂流的概念，温

---

① ［美］史蒂芬·科尔：《科学的制造——在自然界与社会之间》，林建成等译，上海人民出版社2001年版，第78页。

② 同上书，第2页。

纳认为，技术向更高阶段发展的状态是一种不确定和无意识的技术流，温纳指出，技术变革向更高阶段的运动，或许这一态势并不是决定论，而是不确定的和无意识的技术流①；最后，温纳认为现代技术系统限制了当代工业社会的整个生活方式，包括人们的个性思维和行为方式，这样便造成了一种技术梦游的状态，在温纳看来，技术梦游的含义是：尽管在技术使用方面存在选择，但是几乎没有人有意愿去引导技术。② 由此可见，温纳的技术自主论中讨论更多的是现代技术的自主性，并且表达了一种比埃吕尔弱的技术决定论思想。

　　另一个是他的技术政治观点。在温纳看来，技术不是价值中立的，对此，温纳提出人工技术物具有政治属性的观点③，在温纳看来，"技术手段有时是自我保护和自我增生的，技术并非是所谓的中性工具，它负荷价值，包含政治价值，它为运用技术的生活领域提供肯定的内容，增强结果的确定性，并破坏或否定其他结果。④"不仅如此，在温纳认为，技术的政治性是内在的（Inherently Political Technologies）。技术作为一种生命，已完全渗透到社会生活的各个方面，成了类似于政治的某种力量，"技术失控"现象就反映了这种力量的强大。

---

① Langdon Winner, *Autonomous Technology：Technics – out – of – Control as a Theme in Political Thought*, Cambridge：MIT Press, 1997, pp. 88 – 93.

② Ibid., pp. 74—88.

③ 这一观点集中表述在温纳《人工物有政治吗？》一文中。在文中，温纳描述了纽约长岛一条通往海滨公园车道的过街天桥，其高度比正常的要低，这就是设计者精心策划的，以达到特殊的目的：不让公共汽车往这里通过，反映了当时的建造者莫瑟斯（Moses）的阶级偏见和种族歧视：使那些被他视为"上层"或"舒适的中层阶级"并拥有小汽车的白人可以自由地使用这条车道去海滨娱乐和聚集，而通常使用公共交通的穷人和黑人，则不能使用这些车道，因为桥高只有 12 英尺，公共汽车无法从桥下通过。其结果之一是限制了少数民族和低收入群体到达莫瑟斯声称的公共公园琼斯海滩，为使这种效果肯定无疑地维持，他还否决了将长岛铁路延长至琼斯海滩的提议。见 Langdon Winner, *The Whale and The Reactor*, Chicago：University of Chicago Press, 1986, pp. 22 – 23.

④ Langdon Winner, *Autonomous Technology：Technics – out – of – Control as a Theme in Political Thought*, Cambridge：MIT Press, 1997, pp. 88 – 93.

基于此，温纳批评了技术社会建构论的观点，温纳指出，（1）社会建构论关注的焦点是技术创新过程，因此对技术选择的社会结果漠然置之；（2）社会建构论倾向于仅仅认同社会群体，认为社会群体在"建构"技术中扮演重要角色，而社会群体不受技术的影响，但同时却忽视技术选择中的深层政治偏见和技术开发初期进行的权力斗争；（3）社会建构论没有注意到技术变迁包含了动力要素，这种动力要素远比通过研究社会群体的特征和行为所揭示的内容重要；（4）社会建构论不求助道德的或政治的原则进行技术分析，蔑视任何对技术的评价态度。温纳斥责了建构论的不彻底性[1]。可以看出，温纳主要是围绕着技术社会建构论的外部社会价值来展开其批判的。与社会建构论者专事技术社会学研究不同，温纳更重视技术的政治学研究。

费恩伯格是技术民主化理论的重要代表，费恩伯格指出他的现代性理论和 STS 研究面临着冲突，认为 STS 的"对称性原则"与他的现代性理论中将理性和意识形态的划分截然不同，STS 试图将社会性带入理性[2]，对此，费恩伯格认为，STS 研究缺少一种政治学视角。在费恩伯格看来，技术批判理论是沟通这两者的最好的方式，STS 应该吸收一种更加宽泛的政治学视角，这就是费恩伯格提出他的技术政治学思想的出发点。

费恩伯格通过提出技术编码理论来论证其技术民主化理论的，在费恩伯格看来，技术编码表达了社会和技术的需求之间的关系，一个技术编码就是对一个问题的技术性解决。可以看出，费恩伯格的思想是接近于社会建构论的，一方面，他把价值、意义等超越性概念引入技术的社会建构中来，提出了所谓的"解释

---

①　Langdon Winner, "Upon Opening the Black Box and Finding It Empty: Social Constructivism and the Philosophy of Technology", Pitt J, Lugo E., *The Technology of Discovery and the Discovery of Technology*, Blacksburg, Society for Philosophy and Technology, 1991.

②　Andrew Feenberg, *Modernity and Technology*, Cambridge: MIT Press, 2003, pp. 73 - 104.

学的社会建构论"，从而使得他的社会建构主义有更多的社会批
判色彩；另一方面，他在批判技术社会建构论的狭隘的经验论的
基础上，借用了弗朗西斯·塞杰尔斯蒂（Francis Sejersted）提出
的技术哲学发展的"技术决定论—社会建构论—技术的政治学"
三阶段的思想，提出了民主的技术政治学理论，并要求技术哲学
为过渡到技术政治学做好准备①。从而提出了一种"政治学建构
论"② 的思想。

通过最近 STS 中的一系列案例研究可以看出，美国 STS 的一些
技术实践和社会生活的根深蒂固的观念正在发生，美国 STS 越来越
鼓励一些强调经验研究的具有创新性的社会理论家参与到 STS 研究
中来，这也是科技政治学的方法诉求。

第三节 欧美 STS 研究进路的比较分析

无论是欧洲的 STS 还是美国的 STS 在研究方法上的一个共同点
就是从宏观研究走向了微观研究，案例研究有利于人们从微观结构
层面认识到科学技术的社会建构属性。宏观与微观是 STS 研究中的
一对基本的理论维度，也是个体主义和整体主义在 STS 理论视角上
的一种延伸。对于早期的 STS 研究来说，都是采取了一种整体主义
的宏观研究策略，例如，欧洲 STS 对科学社会功能的考察，对于宏
观的 STS 研究来说，宏观的科学现象比如科学的社会结构及过程、
科学的社会变迁是他们的主要研究内容。而后出现的 SSK 实际上
一种有宏观研究转向微观研究过程中的"中观"研究，他们放弃
了对科学的社会结构、科学群体的社会学考察，转向了对科学知识
的考察，但仍然视科学知识是一种"黑箱"式的研究。随着实验

---

① 朱春艳、陈凡：《社会建构论对技术哲学研究范式的影响》，《自然辩证法研
究》2006 年第 8 期，第 64 页。

② Andrew Feenberg, *Questioning Technology*, New York：Routledge，1999，p. 12.

室研究的到来，SSK 出现了人类学和修辞学的转向，才真正使这种对科学知识的研究走向了微观。因此，对于个体主义的微观研究来说，从微观的角度探讨社会单元与科学知识之间的互动过程，是解释科学知识社会建构的根本途径。

同样的，美国的 STS 也是有一个从宏观研究到微观研究的过程，无论是早期的奥格本的技术社会学还是默顿的科学社会学等研究，关注的都是作为整体的科学技术与较大的社会单元，例如制度和社会结构等的相互关系，都明显表现出一种整体主义和宏观研究的特点。受社会建构主义方法和技术哲学经验转向的影响，他们逐渐不再将科学技术视为"黑箱"，而试图打开黑箱，体现了一种微观主义视角。诚然，微观研究对于宏观研究来说，会导致更多的理论的分歧和实践的争论，但无疑也是从不同的角度解释了科学与技术本身的社会多重真实性。

但从总体来说，欧美 STS 在研究进路上表现出了巨大的差异性，具体体现在以下几个方面：

一　研究旨趣：理论与实践

理论导向与实践导向是欧美 STS 研究的不同特色。对于美国 STS 研究来说，研究科学技术的社会性质、现实价值和科学与社会的相互关系是其根本任务，这就需要了解科学技术的社会影响和作为社会过程的科学技术的作用，在这一过程中，需要理性地看待科学技术，从这方面看，实践导向是美国 STS 研究出发点；对于美国 STS 来说，克服科学技术的负面效应和消解科学技术带来的全球性问题是美国 STS 的基本宗旨，因此对科学技术的公共政策关注是美国 STS 的一个研究重点，这就要求合理地进行科技政策的制定，以及跨学科管理人才的使用。从这方面来看，关注实践是美国 STS 政策的落脚点；美国 STS 通过科学教育培养良好的科学技术素养，来满足理解当今科技时代的需要，培养具有 STS 意识和素养的知识公民，扩大公众理解科学，提高公民的科学素养，加强科学技术的公民参与，开展具有社会意义的 STS 教育等内容，从而能对科技发展带来的社会问题能做出更加理智的判断，从而使科学技术真正造福于社会和人类，从这方面讲，走向实践是美国 STS 的最终指向。

对于欧洲 STS 研究来说，直接秉承科学哲学与科学社会学的研究传统，用建构主义来解释科学知识的社会生成，按照科尔的说法，建构主义的基本观点可以概括为三种，"第一，所有建构论者都反对把科学仅仅看成是理性活动这一传统的科学观；第二，几乎所有的建构论者都采取了相对主义的立场，强调科学问题的解决方案是不完全决定的，削弱甚至完全否定经验世界在限定科学知识发展方面的重要性；第三，所有建构论者都认为，自然科学的实际认识内容只能被看作是社会发展过程的结果。"在这种相对主义的建构论影响下，欧洲 STS 形成了以 SSK、后 SSK 与技术的社会建构等具有强研究范式的理论体系。

马会端认为，以美国为代表的 STS 研究传统都从技术或社会的单一层面去理解对方，忽视了其内在关联，最终必然走向科学技术主导社会的"技术的社会决定论批判"或者社会对科学技术进行约束的"社会的技术制约论批判"[①]，这实际上是从社会的角度对科学技术的后果或者社会功能进行外部审视，这就要求美国的 STS 研究有一种实践导向。而欧洲的 STS 则采取了建构主义研究方法，并结合了技术哲学的经验转向。则是用一种内部主义的视角研究科学技术，打开"科学技术研究的黑箱"，具体从社会内部理解科学知识和技术的产生，将科学技术看作是富含社会价值的事业。因而更加侧重对科学技术发生、发展的内部机制的社会学考察。这就要求欧洲 STS 研究需要一种理论导向。

在 STS 元研究中，学者们普遍用高教会（High church）与低

---

① 马会端：《PSTS 科学技术研究的理论进化》，《东北大学学报》（社会科学版）2006 年第 7 期，第 240 页。

教会（Low church）的划分来说明欧美 STS 这种理论取向与实践取向，这一概念首先由霍安·伊勒贝格于 1992 年首次提出。伊勒贝格认为"低教会的 STS 是一种具有多学科性质的实践导向的 STS 文化，它较多的是社会向善论者或活动家的文化，哲学家和伦理学家起主导作用，集中在技术方面，从规范的观点看待问题。它的诞生，是由于在许多领域中，具有进步思想的教授认为有必要提高工程师和科学家对于他们技术实践的社会、文化影响的认识这样一种洞见；而高教会 STS 是一种能导致真正交叉学科的学科导向的 STS 理论，它由历史学家和社会学家起主导作用，也部分地是作为一种对人文社会科学学生对科学技术的社会影响所表达的类似忧虑的反应。使用经验的方法描述科学和工程实践，表明科学技术知识建构的社会过程，集中在高层次和研究生的研究方面①。卡特克里夫也认为，"STS 作为一个整体，致力于超越两种简单化的倾向：一种是学术研究堆积起来的高派教会，如苏珊·科岑兹（Susan Cozzens）所说的 STS 思想；另一个是活动者聚集起来的低派教会，特别是被学术探索所忽略的活动论。可以肯定地说，个人可以致力于某一种特定的方式，但从最佳方案和最具有包容性的角度看，STS 应该寻求学术研究与政策分析和公共参与的统一。例如，罗宾·威廉姆斯（Robin Williams）和大卫·艾杰所提出的泛教派（Broad Church）的研究，就是要在事实与价值之间保持必要的张力。"②

由此可见，以高教会为代表的 STS 学者大部分是来自欧洲，而以低教会为代表的 STS 学者大部分是来自美国。高教会所从事的对科学与技术知识及造成知识的过程和资源的理解，是一种更加理论化的研究；低教会关注行动主义改革，表达政策、管理、资金等问

---

① Juan Ilerbaig, "The Two STS Subculture and the Sociological Revolution", *Science, Technology and Society*, No. 90, 1992, p. 16.

② Stephen H. Cutliffe, *Ideas, Machines, and Values: An Introduction to Science, Technology, and Society Studies*, Boston: Rowman& Littlefield Publishers, 2000, p. 138 .

题，试图以平等、福利和环境的名义改革科学与技术，简单说就是关注制造符合公共利益的科学与技术，是更加行动主义的实践工作。两派在目标和关注点上的分歧造成它们在 STS 中长期以来的隔阂。就目前来看，这两派所归属的学术团体也有所不同，高教会主要聚集在欧洲科学技术研究学会（简称 EASST）；低教会主要聚集在国际科学技术与社会学会（简称 NASTS）。

当然，STS 中理论与实践这两种不同的理论旨趣的对立也不是绝对的。从历史发展过程看，二者在不同的历史时期在 STS 所占的地位是不同的，西斯蒙多指出，关于高教会和低教会派的 STS 研究发展是不平衡的。20 世纪六七十年代，交叉学科派领先，80 年代以来学科派的影响越来越大，目前处于主导地位，高教会派 STS 对科学技术解释的注重，并且成功的提出分析概念用来探讨知识和人工物的发展和稳定化问题，但是虽然它从科学技术的解释学研究进路出发，明确地反对传统科学历史和哲学的大多数理性观点，但它的理论实质也是类似于理性主义的[①]。从研究内容上看，欧洲的 STS 也逐渐注重实践研究，例如，劳斯的科学实践观的提出，使得作为实践的科学成为欧洲 STS 研究重要组成部分，"实践优位"诉求的 STS 更加关注科学技术的语境性、反思性等问题。同样的，美国 STS 也包含有理论研究，例如默顿的科学社会学、温纳的技术政治学等，只不过是美国的 STS 研究学派特征不明显，理论的思辨性和传承性弱一些。

二 解释策略：规范与描述

规范性与描述性是社会科学研究中的两种主要的不同解释策略。从所指向的内容上讲，规范性问题是有关对知识进行辩护和评

---

① Edward J Hackett, Olga Amsterdamska, Michael Lynch, and Judy Wajcman, *Handbook of Science and Technology Studies*: 3rd edition, Cambridge, Massachusetts London, England: The MIT Press, 2008, p. 18.

价，进而得出该接受何种知识的问题的。在方法论则采取一种自然主义式的方法，先进行系统和精确的实际研究，然后形成关于知识的价值判断，因此，规范性要解决知识的"应然性"问题。而描述性问题，从内容上讲，是有关知识的理解和解释的问题，进而指出知识的生成和成长问题。在方法论上，描述性则采取一种哲学解释学的方法，通过逻辑和演绎形成理论的建构，描述性要解决知识的"是什么"的问题。

从前面的论述可以看出，欧洲 STS 研究坚持一种描述性立场，他们认为，SSK 的主要任务是解释科学家怎样谈论和从事研究，对诸如利益、价值等社会因素对科学的影响。他们关注的是科学活动的情境性与索引性，科学是如何进行的等微观细节的描述，而不是对科学的价值性做规定，因此，在描述性研究中，科学知识是无价值指涉的。正如皮克林指出，"SSK 的研究具有两个基本特征：第一，如其名称所示，SSK 认为科学就其核心而言是社会利益性和社会建构性的，科学知识本身必须被理解为一种社会产物；第二，SSK 根本上而言是经验性的和自然性的，就是说通过对真实的科学进行历史与现实的考察来说明科学知识何以是社会性的，规范哲学的先验论教条被搁置一旁。"[1] 描述性是建构主义研究的必然策略，社会建构论不采取规范性批判的视角，而更多的是为科学知识和技术提供一种解释和描述。

与之相反，美国学者研究 STS 的理论出发点往往带有现实的批判特征，试图寻找科学知识背后的社会根基，这也就是说，评估知识产生过程和提出建议是为了改进知识。对于自然化的认识论者，规范的建议必定是针对现实的改进建议。默顿科学社会学坚持规范立场，力图为科学设定种种规范与标准，描绘出科学的理想图景。它回避对科学知识的内容作社会学解释，只关注科学社会结构

---

[1]　Andrew Pickering, "From Science as Knowledge to Science as Practice", *Science as Practice and Culture*, Chicago：University of Chicago Press，1992，p. 1.

的研究，采取规范主义进路。

虽然 SSK 强调描述主义，但这也导致了 SSK 理论体系内部的一个矛盾。刘鹏认为，"首先，彻底的社会取向必然导致某种程度的社会实在论，这体现了一种规范主义、本质主义的思路；其次，彻底的描述主义反对某些无法进行经验解释的跳跃，即反对由具体的现实描述向抽象的社会概念的过渡。这样便出现了规范主义与描述主义之间的矛盾"①，刘鹏认为，SSK 这一悖论的产生来自于传统的社会学分析思路，即追求一种社会学的宏大叙事，将一切社会现象都奠基于社会这一概念之上，这进一步使得 SSK 片面强调了 STS 研究中的人文和社会学视角，而弱化了其经验主义的研究方法②。而美国 STS 强调规范主义，同样也存在着矛盾，首先，美国 STS 来自于自然主义认识论，维护科学技术真理性认识，体现的是一种描述主义、绝对主义的立场，而默顿的科学社会学通过对科学理论进行因果关系的说明，对科学知识的因果关系解释的追求，体现的是一种规范主义；其次，如果不深入到科学知识和技术的内部，了解科学知识与技术的微观机制，单纯遵循其社会后果的外部评判，对科学技术的规范性批判的合法性基础难以令人信服的，这也就造成了美国 STS 的规范与描述之难。

实际上，描述立场和规范立场都有各自优劣。描述性和规范性所体现的本质是自然与理性、事实与价值、是与应当之间的关系。卢艳君认为，"规范立场着重于为科学制定行为规则，却很少顾及科学能不能达到它所设定的标准，在一定程度上没有看到真实科学实践。而描述立场只是一味地追求对科学进行客观描述，客观描述能否真正做到尚未可知。"③ 实际上，自然与理性、

---

① 刘鹏：《SSK 的描述与规范悖论——并基于此兼论后 SSK 与 SSK 的决裂》，《自然辩证法研究》2008 年第 10 期，第 23—25 页。

② 同上。

③ 卢艳君：《默顿科学社会学：当前困境与未来趋向》，《科学学研究》2011 年第 2 期，第 170 页。

事实与价值在本质上"二位一体"的，不能相互分离，正如王华平与许为民认为，一方面，尽管没有任何一种理论能够做到以"超然"的立场来终止关于"事实"的争论，但是我们仍然需要一个符合我们"价值"的理论来为我们的判断提供可靠的指导；另一方面，一个关于知识的理论既需描述经验主体生产知识的情境，还需说明这些事态对他们来说意味着什么，因而既不能是纯粹描述性的，也不能是纯粹规范性的。事实上，作为"一种生活形式"的参与者，我们的任何描述行为都会受到既定生活形式的制约。因此，正如"观察负载理论"一样，描述负载了规范。描述性STS试图消解规范性实在是矫枉过正的做法，至少和传统哲学用规范归并描述的企图一样的危险①。由此可见，我们既不能把规范与描述付诸于先验，也不能归结于人的心理状态，要想解决规范与描述这一"二律背反"，就在于取消认识论中规范与描述、自然与理性等的二分。

三　学术特征：学派与非学派

学派指的是学术研究中在师承共同的学术纲领基础上具有共同研究对象与并采取共同的研究方法的学术共同体的统称。在这里，学派的意义跟库恩的"范式"是相类似的，在库恩看来，"范式通常是指那些公认的科学成就，在一段时间里为实践共同体提供典型的问题和解答或者是一个科学共同体的成员所共有的东西，总体说来，范式就是一个特定共同体的成员所共有的信念、价值、技术等构成的整体。"② 因此，可以看出，判断学派的基本要素有：是否有思想传承、是否具有共同范式（包括共同的研究对象、研究方法、确定的研究边界等）、是否具有共同的

---

① 王华平、许为民：《STS：从 SSK 到 SEE》，《自然辩证法研究》2007 年第 3 期，第 69 页。

② ［美］托马斯·库恩：《科学革命的结构》，金吾伦、胡新和译，北京大学出版社 2003 年版。

地域特征。

由此可以看出，欧洲 STS 具有明显的学派特征，欧洲的 STS 学术组织就是以学派的形式出现的，虽然欧洲 STS 研究学派林立、观点重叠复杂，我们很难将整个欧洲的 STS 研究当作一个整体的 STS 研究学派，但是欧洲 STS 研究内部学派间的思想传承、范式演变的特征是明显的，不仅如此，大多数欧洲 STS 研究的学派都是按地域划分和命名的。例如，第一个欧洲 STS 研究学派的爱丁堡学派，就是来自英国的爱丁堡大学，他是在秉承了科学社会学的研究传统，批判的借鉴了库恩哲学的历史主义理论和知识社会学的相对主义思想，将科学知识作为社会学分析的对象，形成了以强纲领为特色的研究范式，开创的早期科学知识社会学的研究。类似的还有巴斯学派、巴黎学派等。

欧洲 STS 研究纲领之间的代际传承是明显的。例如从强纲领到实验室研究纲领再到社会学有限主义纲领，科学知识社会学的研究脉络是清晰的，正如罗英豪指出的，社会学有限主义既回避了前期纲领的基本信条，又继承了其基本精神：（1）依据强纲领原则建构出了社会学有限主义的工具——目标和利益因果解释模型；（2）强化了相对主义和怀疑主义因素，为科学知识社会学未来的生存和发展提供理论资源；（3）继续坚定地贯彻用经验研究的方法来论证相对主义立场，以实现科学知识社会学科学主义诉求[①]。而技术的社会建构论（SCOT）也是平齐和比克将巴斯学派柯林斯的经验的相对主义方法运用到技术的社会分析的结果。

而美国的 STS 研究则没有明显的学派特征。从研究的学术群体上看，早期的美国 STS 研究主要存在于各个高校的 STS 研究的暂时性研究计划上，虽然有些研究计划最终形成了具有 STS 性质的研究

---

① 罗英豪：《科学知识社会学的代际演进探析》，《新疆财经学院学报》2006年第 3 期，第 39 页。

机构，比如 MIT、康奈尔大学、斯坦福大学、伦斯勒理工学院、宾夕法尼亚州立大学、里海大学等的 STS 研究中心或 STS 系；后期的美国 STS 研究兴趣主要转移到科学技术伦理与科技政策的研究上来。可以看出，美国的 STS 是将科学技术放到更广阔的社会环境中来探寻科学技术的社会影响或者社会如何影响科学技术的发展的机制的研究上，这种研究既没有统一的研究纲领，也没有明确研究对象与方法，相互之间的理论传承和学术传统的延续也是较少的。因此，对于美国 STS 研究来说，其研究理论取向是多元的、研究纲领的低范式的、研究边界是模糊的、研究对象是流动的，是一种交叉学科研究。

四 争论焦点：科学认识论与技术价值论

通过前面对欧美 STS 研究进路的历程看出，无论是欧洲 STS 还是美国 STS 内部都存在着诸多争论，这些争论可以划分为两类，其中一类是欧洲 STS 内部关于科学知识认识论的争论，表现为实在论与反实在论之争；另一类是在美国 STS 内部关于技术的价值论争论，表现为技术决定论与社会建构论之争。

STS 在欧洲所表现的主要争论是实在论与反实在论的争论，二者的争论是在三个层次上展开的。

（1）科学的真理性问题。在实在论者看来，科学是自主性、理性的事业，存在一种一元性的科学，也存在一种真理，科学是不断积累、不断接近真理的事业；而在反实在论者看来，科学知识是参与者网络的"社会建构"，科学的真理性和权威性不复存在。

（2）科学认识的内外因素关系。在实在论者看来，科学活动中的内在因素对科学知识的形成具有决定性的作用，而忽视了科学的外在因素，走向了绝对主义；反实在论者进行了范式转换，认为既然科学的真理性不复存在，那么科学知识的内在因素在建构科学知识过程中与外在因素（包括认知因素与社会因素）将具有平等解释力，科学知识的产生和增长不必然是内部逻辑的自我增长过程，而是包含了众多的社会文化因素。

（3）对科学的评价问题。在实在论者看来，科学评价的标准是客观的、普适的；在反实在论者看来，科学知识的地方性的，对科学知识的评价不但要有真理性评价，还要有价值评价，并且这种价值还是文化多元的。由此可见，二者争论的关键在于社会因素与理性因素在科学知识内容的解释中相对重要性的大小，在于对科学研究方法与成果的经验描述与认知评价的关系，在于对科学知识与世界关系的解释是否具有一致性上。

因此，欧洲 STS 所面临的主要问题就是科学实在论的危机，SSK 通过相对主义和怀疑论的立场，对长期以来的本质主义、形式主义、基础主义和实证主义产生的巨大的挑战。赵万里指出了SSK 的相对主义的两个层面：方法论相对主义和认识论相对主义。方法论层面上的相对主义，就是指强纲领引入因果性解释学，来说明科学家在科学活动中实践的本质，以及科学知识的本质。"科学知识社会学就是要搞清楚，在什么意义上和多大程度上，我们可以有理由说，科学知识是植根于社会生活之中的。"[①]认识论的相对主义，按照布鲁尔与巴恩斯的观点是指，"（1）观察在一定主题上会存在不同的信念；（2）确信在一个既定与境中这些信念是依赖于使用者的环境（或者与之相关）。但相对主义往往还有第三个特性。它需要某种被称为'对称性'或'等价性'的假设。"[②] 这种科学认识论的危机最终导致了科学大战的爆发，科学大战可以看作是科学实在论者对相对主义的一次强势大反扑。尽管二者争论的观点林林总总，竞争势力此消彼长，但对科学知识的可靠性和稳定性的追求是二者的共同目的，也是欧

---

① 赵万里：《科学的社会建构》，天津人民出版社 2002 年版，第 138 页。

② ［英］巴恩斯、布鲁尔：《相对主义、理性主义和知识社会学》，《世界哲学》，鲁旭东译，2000 年第 1 期。

洲 STS 的核心问题之一，争论也使得对这一问题的认识不断走向
澄明。

　　对于美国 STS 来说，争论的聚焦点在于对技术与社会这一对矛
盾关系理解上，由此可以引申出两种不同技术价值观——技术决定
论与社会建构论。比克区分了传统视角和建构主义视角下 STS 观的
区别，他认为传统视角的 STS 大致相当于在决定论思想影响下的科
学技术观。用一个图表表示如下[①]：

表 4.1　　　　　传统视角 STS 与建构主义视角 STS

传统视角的 STS	建构主义视角的 STS
明确区分政治和科学技术之间的不同	技术与政治问题交织在一起，定义是否属于政治或技术问题要到具体情境中
强调"实在科学"和"超科学"的不同	所有科学都是价值负荷的，并是依赖于情境。在本质上不存在"实在科学""超科学""权力科学"或"政策相关科学"的不同
科学知识通过彻底的方法对问题的追问，并且通过自然给予确定的答案	科学知识的稳定性是一个社会的过程
科学家和工程师的社会责任是关键问题	科学技术的发展是一个社会过程而不是个人决策的链条，与科学相关的政治和伦理问题不能减少科学家和工程师的社会责任
技术发展是一个线性的过程。概念—决策—操作	技术发展不能概念化为操作阶段的过程，它并不是一个线性过程

　　① Wiebe E. Bijker, "Understanding Technological Culture through a Constructivist View of Science, Technology, and Society", *Visions of STS*, New York: State University of New York Press, 2001, pp. 22 – 23.

续表

传统视角的 STS	建构主义视角的 STS
强调技术发展及影响的区分	技术的社会建构是一个持续的过程，称之为"扩散阶段"，技术（社会、经济、生态、文化）的影响也是建构过程的一部分，并且典型的与技术的形成论有关
强调技术发展和控制的区分	技术发展和技术控制不是分离的，技术发展是社会建构的过程；技术的（政治、民主）控制也是社会建构的一部分
明确区分技术刺激和技术规则	刺激和规则在目的上可能不同，但没有必要在手段上加以区分
技术而不是其他决定社会	社会形成技术和技术建构社会都是一个事物的两个方面
社会学要同社会和环境消费一样，能够明确建立	需要和消费同样是社会建构的过程，它们依赖于情境，它们的不同在于不同的社会相关群体，不同的视角

技术决定论与社会建构论争论是在以下两个层次上展开的。

首先，关于技术与社会何者优位的问题。在技术决定论看来，技术是一种具有内部逻辑自我发展的力量，不受社会因素的影响，无论是技术悲观论还是技术乐观论，其基本观念是技术发展必然带来社会变迁，因而是技术优位的；而在社会建构论看来，技术的内部逻辑跟社会文化要素共同组成了技术发展的行动者网络，技术的内部逻辑不再具有首要位置，社会在形塑技术过程中起到更重要的作用，因而是社会优位的。

其次，关于技术的价值性问题上。技术决定论将认识的焦点集中于技术对社会的后果、影响，不关心技术本身如何形成的问题，而社会建构论则将认识的焦点集中于社会对技术形成、变迁的影响，几乎不讨论技术对社会的作用、价值，或者把技术对社会的作用问题勉强地归于社会对技术的影响之内，认为技术人工物的功能不是预先给定的，而是在其应用过程中被发现的。

随着社会建构论在技术研究领域的胜利，技术决定论的思想逐渐被社会建构论所取代，但这不能否认技术决定思想的启示意义，许多学者也开始重新审视二者的关系，比如温纳就对技术决定论做了辩护。随着美国 STS 的发展，这一论争还将继续，对技术价值的研究也将成为美国 STS 的重要的理论纷争之一。

第五章　欧美 STS 的哲学传统：基础之比照

　　无论是起源的不同还是进路的不同，实际上都可以归因于其哲学基础的不同，长期以来，学者们也在探讨 STS 的理论基础和合法性根基。有学者认为，STS 有三条研究路径分别是史学、社会学和哲学的，STS 有自己的哲学基础（卡特克里夫和殷登祥）；有学者认为，STS 研究路径应当是社会学的（赵万里）；也有学者认为 STS 研究是问题导向的，并没有什么理论偏好，STS 难以有哲学基础。吴彤认为，STS 是有自己的哲学的，对于 STS 的社会认识论以及其他哲学基础有关的发展，有两个不容忽视的传统或者趋势。一是欧陆以解释学为主的哲学传统的影响；二是英美哲学传统中的自然主义认识论的影响[1]。从哲学层面看，STS 的基本问题是"是"与"应当"、真理与价值、理性与经验之间的关系问题。本章将美国 STS 看作是近代英国经验主义（即强调经验质料的根本作用）的延续，欧洲 STS 的科学观看作是对近代欧陆理性主义（即强调主体能动的建构作用）的延续，通过对哲学史上经验主义传统和理性主义传统的比较得出欧美 STS 哲学基础的不同。

---

　　① 吴彤：《试论 S&TS 研究的哲学基础与研究策略——从科学实践哲学的视野看》，《全国科学技术学暨科学学理论与学科建设 2008 年联合年会清华大学论文集》，2008 年，第 8 页。

第一节　理性主义传统的欧洲 STS 哲学基础

总体说来，欧洲 STS 遵循了一种社会建构主义的 STS 研究。西斯蒙多论述了社会建构主义作为欧洲 STS 的哲学基础，他指出，"作为 STS 的哲学基础，强纲领已经为其他进路所补充，建构主义的、相对主义的经验纲领、行动者网络理论、符号互动论以及常人方法学的等。"[①] 实际上，无论是强纲领还是行动者网络理论，都是建构主义的变种，或者是建构主义在 STS 领域的理论表现形态。在西斯蒙多看来，社会建构主义为 STS 提供了三个理论假设，"（1）科学技术基本是社会的；（2）科学技术是活动中的，建构意味着活动；（3）科学技术不必然是从自然到自然的思想的直接通道。"[②] 虽然建构主义理论形态复杂多样，但沿着对建构主义的理论追寻可以发现，建构主义与欧陆哲学的理性主义、现象学解释学和语言哲学传统是一脉相承的。

一　西方哲学史中的建构主义

建构主义的基本理念是解释"知识是什么"和"知识是如何获得"，在建构主义看来，知识不是独立于个体之外的客观存在，而是由主体主动建构的。建构主义强调，在认识的形成过程中对于外在的认识对象不是发现，而是建构。在米德那里，他将这种建构分为三个不同阶段：心灵的建构、自我的建构与社会的建构，而这种建构过程都离不开社会情境中的行为互动。毋宁说，我们不得不得出下列结论，即意识是一种从社会行为中突现出来的东西；它非但不是社会活动的前提条件，社会活动反倒是它的

---

① Sergio Sismondo, *An Introduction to Science and Technology Studies*, Oxford：Blackwell Publishing, 2004, p. 49.

② Ibid., p. 50.

前提条件。"①

因此，依据对主体划分类型的不同，可以将主体分为作为哲学上的理性建构、作为主体的个体和作为主体的群体三种类型，因此在大陆理性主义哲学传统下，可以清晰看出建构主义经历了哲学的建构主义到心理学的个体建构主义再到社会学的群体建构主义的路径。

哲学上的建构主义，发源于对认识论问题的探讨。近代哲学的主要任务在于认识事物本身，关于认识论问题，近代西方哲学传统有两种表述，一种是带有经验主义色彩的表象主义，认为认识是对作为本体的事物本身的认识。他们承认独立于思想的本体世界的存在，并且认为本体世界是可以被认识的。而哲学上的建构主义则与之相反，认为人们不可能认识独立于头脑之外的事物本身，他们不承认独立于思想的本体世界的存在，人们所能认识的，只能是存在于认识本身之中的对象。建构主义虽在古希腊柏拉图哲学中有萌芽，但真正成为一种哲学思潮，则是源于近代笛卡尔开辟的理性主义哲学传统。笛卡儿从"我思故我在"的信念出发，认为普遍必然性的可靠知识是先天的，感觉经验不能提供普遍必然性的知识，真正可靠的知识的获得只有通过理性的直觉与推理才能得到，他强调理性的能动性，更注重一般的实在性。这实际上已经表达一种"建构"性的知识观。理性主义经过德国古典哲学到康德达到了顶峰，在对待认识问题上，康德给出了主体建构主义的回答，即认识的可能性在于主体理性中先验感性形式和先验自我范畴的建构作用，虽然康德给出了"物自体"的概念，用以说明先验主体的认知形式不能通达本质，但康德特别强调了先验主体对象客观性的主体建构作用。

胡塞尔的现象学系统提出了意识的构成性问题。构成性即强调

① ［美］乔治·米德：《心灵、自我与社会》，赵月瑟译，上海译文出版社 2004 年版，第 19 页。

人的认知结构和认识方式对事物的能动作用，它把客观对象看成是主观意识的构造。在这里，胡塞尔的现象学尤其强调了意识的意向性作用，旨在发现现象在意识中建构自己的方式，通过分析其步骤的序列用以确定意识构成的结构。首先，胡塞尔悬置了关于存在的信仰，即对客观事物的存在不做判断，通过现象还原和本质直观来描述意识对现象的建构作用，从而扩大现象认识的范围，这样，"一切材料，不论是实在的还是非实在的或可疑的，都具有同等地被研究的权利"，因为"还原可以使我们公平地对待它们。"①

因此，在唯理论看来，认识就是一种理性建构。从适用范围上看，理性又包括个体理性和群体理性，个体理性对认识的建构形成了个体建构主义，而群体理性对认识的建构形成了社会建构主义。

皮亚杰系统提出了个体建构主义思想。在皮亚杰看来，个人建构主义强调的是个体和个体的知识建构活动，其主要关注点在于个体的心理过程以及他们从内部建构世界知识的方式。皮亚杰表达了一种"个人能动地建构知识"的立场，也即把认识主体的能动的、建构性的活动置于认识形成的中心，具有一定认知结构的个人，能动地与周围环境交互作用，从而变革、建构认知结构。"知识既不是通过感官也不是通过交流被动接受的，而是由认知主体主动建构起来的。"② 尽管皮亚杰的个人建构主义强调的是个体在同外部世界的交互作用中所获得的经验为线索，但最终个体是通过自我控制和变换认知结构，自发性地形成自己内部的认识体系的。在他看来，所谓认识是人所固有的知识建构性活动同外部

---

① ［德］胡塞尔：《现象学的观念》，倪梁康译，上海译文出版社1986年版，第8—18 页。

② ［美］莱斯利·斯特弗：《教育中的建构主义》，高文等译，华东师范大学出版社2002 年版，第137 页。

的交互作用①。这种"内源性"②认识成为后来激进建构主义的来源。

由个体建构主义到群体建构主义的转变，维果茨基起了重要的作用。群体建构主义知识论的基本立场，就是要消解个体与社会文化的二元对立。在群体建构主义看来，人是在社会文化情境中接受其影响，通过直接地跟他人的交互作用，来建构自己的见解与知识的。实际上，克服个人与社会的二元对立的认识，两者不可分割，社会是靠赋予个人以秩序的现实和个体的主观意义形成而建构的。个体也并不是独立于社会的存在，是受到社会这一现实所制约的。维果茨基（Vygotsky）正是在这样的基础上，提出其群体建构主义理论的。按照维果茨基的"最近发展区"理论，群体建构主义知识论的一个根本观点就是"主体的能动的知识建构"。在维果茨基看来，知识的生成不是单纯个体内部的事件，认识是一种在个体的认识建构活动之上，加上同他人的交互作用之中，共同建构知识的过程。这也就是说，知识是通过大量心智的辩证的交互作用而建构的。因此可以看出，个人建构主义与群体建构主义同样主张知识并非被动接受的，而是由认识主体主动建构的，这是建构主义的第一原则。由此可以看出，维果茨基群体建构主义从两个方面发展了个体社会建构主义：（1）重视个体交往的社会过程；（2）认为人的认识跟社会文化变量交互作用，有时受这些变量的制约而形成。因此，在群体建构主义看来，知识形成的主要活动是语言和基于语言的相互沟通。正如巴甫琴所说："真理不是在个人的头脑中产生，而是在对话交流中追求真理的人们之中产生的。"③把沟通活动作为认识形成的中心，这是维果茨基群体建构主义知识论的一个主要

① 钟启泉：《知识建构与教学创新——社会建构主义知识论及其启示》，《全球教育展望》2006 年第 08 期，第 12—13 页。

② ［美］莱斯利·斯特弗：《教育中的建构主义》，高文等译，华东师范大学出版社 2002 年版，第 22 页。

③ ［日］佐藤公治：《在对话中学习与成长》，东京：金子书房 1999 年版，第 102 页。

特征。

　　因此，群体建构主义在"反基础主义"这一点上，跟个人建构主义持相同的立场。两者都认为，人类的认识不是完全照搬外部世界的客观存在而形成的，它是靠人类的"理论—解释框架"才可能形成的。认识主体拥有怎样的理论，决定了认识客观世界的不同方式。二者的区别在于皮亚杰的认知理论更强调个体的自我建构，维果茨基更关注社会知识对个体主观知识建构的中介作用。因此，群体建构主义实现了认识主体从个人向群体的转换；认识过程从反映模式向对话模式的转换；认识结构从主体性到主体间性的转换，等等。在赵万里看来，建构主义发展成为现代知识论基础的主要是结构主义心理学和知识社会学。皮亚杰发展的是一种个体主义的建构论，维果茨基则是群体主义建构论或社会建构论①。这样，在社会建构主义那里，现代科学所面对的对象也不是自然界的原本的现象，而是在某种理论框架内存在的，"观察渗透着理论"，科学知识的产生是基于实验室或者科学家群体的一种社会建构物。

　　近代西方哲学传统实际上是笛卡尔开创的二元论体系的。经验论者把客体看作是与主体无关的独立存在，唯理论者把客体看成是主体的创造物。这种以主客二分来解释世界的哲学观，难以解决主观与客观世界的关系问题，其问题表现为本体论上唯物与唯心、认识论上经验主义与理性主义的长期对立。众多近代哲学家试图一劳永逸的解决这种形而上学危机而并没有成功，黑格尔的出现标志着近代形而上学的终结。

　　社会建构主义的哲学解释是形成于作为个体的自我的认识如何与他人的认识形成共识的，这里便需要解决两个问题，一个是我的意识是如何形成的，这是认识论的问题，这一问题被胡塞尔悬置起来使得现象学转而讨论另一个问题，即自我与他者通达的问题。这里涉及到作为主体的自我与他者的关系，即主体间性问题。而在语

---

　　①　赵万里：《科学的社会建构》，天津人民出版社 2002 年版，第 29—30 页。

言哲学看来，不同主体的意识的通达可以分成解释表达的文本间性和符号互动的问题。

二 作为建构主义认识论保证的主体间性

认识论问题一般可以归结为两个方面：一方面，认识主体与认识客体的关系问题，即意识的形成问题，这构成了近代哲学的主要研究内容，现象学中被称之为构成性问题；另一方面，认识主体与其他认识主体的关系问题，即共同意识的问题，这构成了现象学的基本研究内容之一。共同意识的问题蕴含着对二元对立的认识论的变革，其基本特征强调在认识的过程中主体与主体之间的相互作用，而并不仅仅认为认识是简单的主体把握客体的过程。这也是社会建构论的主要基础理论之一。如葛勇义所说，现象学对社会建构论的影响不是直接的，现象学对技术的社会建构理论的影响主要是通过对社会学的影响为中介而间接实现的。他认为技术的社会建构理论至少在三个方面受到现象学的影响：技术的微观考察方法是"面向事情本身"的实践、行动者网络理论是"主体间性"理论的运用以及社会建构的实质是"意向性"基本作用的体现①。本书认为，现象学对社会建构主义的影响通过现象学社会学的传递主要体现在主体间性的分析上。

主体间性（Inter - Subjectivity），也可以译作交互主体性、主观际性、主体通性、主体间本位、共主体性、互为主体性等②，从哲学史来看，西方早就有主体间性的思想萌芽。在 18 世纪，康德试图终结经验主义和理性主义的争论，发动了哥白尼式的哲学革命，提出了先天综合判断形式。在康德看来，科学知识的获得需要主体之间有一种共同接受的知识，它是不被怀疑的，并以共同接受

---

① 葛勇义：《现象学对技术的社会建构论的影响》，《自然辩证法研究》2008 年第7 期，第 38 页。

② 《简明哲学百科词典》，现代出版社 1990 年版，第 589—590 页。

的知识为基础去整理经验材料，由此获得客观性的知识。先天形式或先天图式表明主体间具有一定的共同的性质，即主体间性，康德以此来表示普遍有效性概念①。从这种意义上看，彭加勒的约定主义，维特根斯坦的公共语言，哈贝马斯的交往理性，都可以看到主体间性的影子。

明确的主体间性的概念是胡塞尔提出来的。胡塞尔后期转向动态的现象学即发生现象学的研究，他关注生活世界中的人的交往，并通过对这种交往活动的研究创造性地提出了主体间性的概念。主体间性即自我与他我的关系，在不同哲学家那里有不同的解释，例如在胡塞尔的那里主体间性表现为相关的生活世界里的先验自我与他我的关系；在海德格尔那里表现为此在与共在的关系；在萨特看来表现为我在与他我的关系；在韦伯那里表现为"我—它"与"我—你"的关系；在福柯那里表现为关切自我与关切他人的关系等。胡塞尔的现象学对社会建构主义的影响是通过许茨、伯格（P. Berger）和拉克曼、米德的社会学思想来实现的。

阿尔弗雷德·许茨（A. Schutz）（也作舒茨）沿袭胡塞尔的现象学的传统，开创了现象学社会学的研究。许茨沿用了胡塞尔生活世界和主体间性的概念并进行了创造性的发挥，在他看来，生活世界是按照人们的常识意义被理解、解释和建构起来的，共识的取得源于人的社会性。通过主体间的理解和协调，主体之间相互领会他人的意图和行动动机，以达到把握社会世界，形成认识。而达成主体间际理解的关键问题是"不同的主体如何才能获得共同的世界经验"②。在韦伯那里，主观理解就是要在不同的背景下理解社会行动者的主观意义；而在许茨这里，主观理解的可能性在于主体间性的存在。

---

① 吴国林：《主体间性与客观性》，《科学技术与辩证法》2001 年第 6 期，第 4 页。

② ［美］阿尔弗雷德·许茨：《社会实在问题》，霍桂桓等译，华夏出版社 2001 年版，第 220—231 页。

首先，许茨认为主体存在于生活世界，而不是超验世界，这是获得共同世界经验的接触。对于主体自我的领域来说，生活世界、日常生活世界一开始就具有主体间性。正如许茨指出的，"因为我们作为其他人之中的一群人生活在其中，通过共同影响和工作与他们联结在一起，理解他们并且被他们所理解"①。由此可以看出，许茨将胡塞尔的先验的主体间性回归到了生活世界中的主体间性，在许茨看来，主观意义和客观意义涉及的是两个完全不同的问题。前者是我如何确定意义的问题，而后者则涉及我与他人如何建立主体间性的意义问题。在胡塞尔看来，"他人问题是一种存在于先验主体之间的关系。"②　而许茨认为，主体间性中的他人问题不是先验的，因为"沟通只有在这种纯粹理论领域之外、在这个工作世界之中才是可能的。因此，为了与我的同伴沟通我的理论思维，我必须放弃这种纯粹的理论态度，我必须回到这个生活世界及其自然态度上去"③。

其次，在许茨看来，主体间性的本质就是"生动的同时性"，这是通往主体间性获得共同的世界的经验的通道。在生活世界中，他人意识流与我们自己意识流的进行，在时间上是平行的。在许茨看来，这两股绵延之流在社会互动中同时发生，并相互交错在一起。认识的获得就是这种自我意识之流和他人意识之流的碰撞发生的，许茨把这种通过生动的同时性体验他人的意识流现象，称为"关于变形自我实存的一般论题"，指出，"我们通过他人思想的生动的现在、而不是通过过去时态捕捉他人的思想，他人的言语和我们的倾听过程都是被我们当作一种生动的同时性来经验的。只要我们这样做，我们就参与了他人思想的这种直接的现在。"④

---

① ［美］阿尔弗雷德·许茨：《社会实在问题》，霍桂桓等译，华夏出版社 2001 年版，第 220—231 页。

② 同上书，第 267 页。

③ 同上书，第 337 页。

④ 同上书，第 236 页。

伯格（P. Berger）和拉克曼也延续了胡塞尔的现象学方法并将这一方法引入到社会学研究中来，并提出了社会实在的建构。在他们看来，对常识进行知识社会学分析可以加深理解社会实在的建构过程。实际上，社会实在可分为客观实在和主观实在，所谓社会也就是主观实在的客观化以及通过外化过程而建构出主体间性的常识世界。换句话说，社会世界是通过思想、信念、知识等主观过程社会地建构出的，这个建构的社会实在表面看来似乎是一种客观实在，但它除了有由行动者及其角色构成的客观内容之外，还包含有由信仰体系加以合法化的各种制度等主观过程，从这个意义上说，习俗、规范、权力、知识和科学等都有其社会学起源，亦即都是社会地建构的。

在米德看来，主体间性是在社会化过程中和自觉的社会生活建构过程中实现的。在社会化过程中，主体把从他人那里期望得到的东西内化为自己的东西，从而实现了个体认识的社会建构。因此，米德的研究不是根据单个个体的行为来研究社会群体的行为，而是从既定的、复杂的群体的活动组成的社会整体来分析每一个个体的行为，说明这个个体如何在社会情境中建构出社会性的经验。

因此我们可以得出结论，主体间性的提出为社会建构主义提供了认识论的保证。社会建构主义认为，主客划分的二元论只能作为不证自明的预设，既无法证实也不能证伪。因为"一旦我们开始谈论某个对象，我们就已经进入表征的世界"[①]。而在表征世界之外的所谓客观世界即使有，也无法进入我们的意识。因此在主客二元信念之外，社会建构主义谋求建立主体间的认识的客观性。而当主体间性成为科学理论的一个因素，当科学理论与科学事实成为一个自洽的系统时，主体间性就获得其客观性，从这一意义上讲，主

---

① Edley N, "Unravelling Social Constructionism", *Theory & Psychology*, No. 3, 2001, pp. 433 – 441.

体间性就是一种客观性。"①

　　社会建构主义在汲取了主观主义解释学的认识论相对主义，认为科学知识是受社会情境塑造的建构物的基础上，取消了科学知识的内容和情境之间的区分，把社会因素作为知识的构成性因素，使社会建构主义欧洲 STS 研究主流哲学视域。尽管科学的社会建构的主要纲领都反对超验的科学理性和科学实在对科学的主宰，主张科学的本质是一种社会利益建构、文本建构或者符号学建构。但是，这些建构实际上都是某种构造性建构，而不是生成性建构。随着建构主义的发展，社会建构主义又分化为若干分支，其中最重要的两个分支，一个是集中探讨日常知识的社会根源，它导源于现象学传统；另一个是考察知识与外部社会因素之间的因果关系，它沿袭解释学研究传统。

三　奠定意义生成基础的语言哲学

　　如果说，胡塞尔的现象学是延续了康德的主体主义精神，并走向了绝对的主体主义，是近代形而上学的隐蔽出口，那么维特根斯坦则又一次实现了西方哲学的哥白尼式革命，他把哲学研究的目光转向语言，即从认识论研究转向语言哲学，形成了哲学中的语言的转向，"把哲学研究追溯到传统哲学研究的根基——语言以及语言赖以形成的生活基础。"② 在维特根斯坦看来，西方哲学的危机也就是语言危机。它表现在："追求本质的思维范式使哲学家们陷入逻辑而无法自拔；哲学家们过分强调了对语言结构及其意义的理论分析，忽略了使用语言的实际活动；传统的二元论使人们相信私人语言的存在；语言的危机直接反映了生活形式的衰落。"③ 在海德格尔看来，现象学的问题在于它没有看到现实由语言建构的，理解

---

① 吴国林：《主体间性与客观性》，《科学技术与辩证法》2001 年第 6 期，第 7 页。
② 王晓升：《走出语言的迷宫》，社会科学文献出版社 1999 年版，第 31 页。
③ 江怡著：《维特根斯坦：一种后哲学的文化》，社会科学文献出版社 2002 年版，第 5 页。

永远都不可能超越生活世界这一背景，因为意识并不独立于语言，科学的功能就是揭示世界。因而，科学知识必须以语言为媒介①。从这个意义上讲，把语言作为一种符号来追寻本质，也是社会建构主义的理论诉求之一。

语言作为一种社会行动的形式，是思想的先决条件。正如费雯丽·波尔所言，"人们认识世界的方式不是来自于客观实在性，而是来自于存在于过去和现在的他人。我们共同生活在一个概念化的框架和范围当中，而这些框架和范畴都是由存在于我们的文化当中的人来使用的。我们并不能轻易找到现存的思想范畴来恰当的表达我们的经验。概念和范畴需要人们在具有共同文化和语言背景的日常生活中的语言交谈中形成。这也就意味着人们的思维方式，以及为他们提供概念和范畴的意义框架，是由他们所使用的语言来产生的。因此，语言便是一种思想的先决条件②。

维特根斯坦后期哲学的基本任务就是通过语言游戏来阐明一种对知识本质考察的理论。维特根斯坦的语言游戏说，认为语言意义在本质上具有模糊性和不确定性，语言在本质上是一种社会性的活动，不存在"私人语言"，这就强调了语言的公共性。特别是强调语言并不是对外在世界的反映，语词并不总是对应于外在世界的事物。事实上，语词与世界的联结方式是多种多样的，没有统一的规则，并且总是有发生变化的可能。因此，语词的意义要到该语词出现的那个语言游戏中去寻找，即"语词的意义在于用法"。这表明了语词的意义是不确定的，语词已有的意义并不能决定它未来的用法③。词语的用法是通过集体来认可的。一个行动的意义并不在于

---

① ［英］吉尔德·德兰：《社会科学——超越建构论和实在论》，张茂元译，吉林人民出版社 2005 年版，第 51 页。

② Vivien Burr, *Social Constructionism – Social psychology*, *Cultural relativity*, *Subjectivity*, *Discourse analysis*, *Social interaction*, *Social problems*, New York: Taylor & Francis Routledge, 2003, pp. 8 – 9.

③ David Bloor, *Wittgenstein: A Social Theory of Knowledge*, London: Macmillan Education Ltd, 1987, p. 25.

行动者的精神经验，而在于周围的社会语境①。因此，意义只有在语言使用的动态过程中才能把握，即：语言使用者在与他人的交往中，主动地去进行选择和诠释。这种观点为社会建构主义提供了语言哲学的理论基础。

在语言哲学看来，意义建构是一种与他人互动的社会行为意义是通过人与人之间的协商而建构出来的。所谓意义，其实是我们大家都认可和接受了的东西。从这个角度说，意义既不存在于现实中，也不存在于头脑里，而是存在于辩论和协商的行为中。意义就是人类认知的共享。布鲁尔主要工作也是对维特根斯坦后期哲学理论中的社会学方面和自然主义方面进行阐述和分析。在维特根斯坦看来，群体之间的相互交往，个体参与社会群体中，这并不仅仅是偶然。这里都是通过知识而不断索取所构成的。语词的意义只有在它的使用中才能确定，并且已有的语词的用法并不能决定该语词的新用法的生成，这种新用法的生成只有到使用该语词的特定的社会情境中去寻找原因。那么，语言的社会本性以及语词的新用法的生成的社会本性就决定了知识的社会本性。

由此可见，科学知识的社会性源于语言的社会性。科学知识社会学是以自然主义和纯粹描述为目的的。从维特根斯坦开始，哲学家和社会学家对自然科学知识不被社会学研究的思想提出了不同意见，他们逐渐认为科学知识也有其限度的，也应该被视为一种文化现象。由于知识的本质是社会的，所以我们与他人互动、加入其他群体就不能归于偶然因素，而在这一过程中，作为知识的表现形态的语言就成了自我与他人认知过程的具体情境，作为一种符号，语言构成了我们与世界交往的全部策略与内容。

将语言看作符号主要有符号解释学和符号互动论两种观点，符号解释学理论是克里斯蒂娃提出，认为"在符号学的大范围下提

---

① 张志林、程志敏：《多维视界中的维特根斯坦》，华东师范大学出版社 2005 年版，第 28 页。

出的一种批评方法，它以意指系统的成义过程为主要对象，关注说话主体的身份构成，强调语言的异质性和物质性层面以及文本的多层表意实践"①；"是一种通过精神分析对语言学所作的反形式主义的重新阅读……它将对结构的关注转移到结构生成的过程，从对能指的关注转向记号。"② 可见，符号解释学既研究那些以语言为基础建构起来的事实，也研究那些不能还原为语言的实践；既重视封闭的结构系统，也关注结构形成前后的不属于结构范畴的内容。

而米德则直接将符号看作是社会生活的基础，米德将自我区分为作为主体的我（I）与客体的我（Me）认为，共识或知识的获得就是人们通过各种符号进行互动，借助于符号理解他人的行为，在与他人的互动过程中逐渐获得的。在米德看来，"主我是有机体对其他人的态度的反应；客我则是一个人自己采取的一组有组织的其他人的态度。"③ 符号互动论认为，人的行动是有社会意义的，人们之间的互动是以各种各样的符号为中介进行的，人们通过解释代表行动者行动的符号所包含的意义而做出反应，从而实现他们之间的互动。

符号互动论和符号解释学将对语言的分析与微观情境联系起来，正如米德所说，"事件及情境的这种关系，以及有机体及其环境这种关系，与它们之间的相互依赖一起，将我们引向了相对性问题，引向了使这种关系出现在经验中的那些视角④。知识社会学在语言哲学的解释学进路的影响下产生了重大变化。使得文本话语研究和科学修辞学研究重视对意义的生成与一致的达成的约定主义的

---

① 罗婷：《克里斯特瓦的符号学理论探析》，《当代外国文学》2002 年第 2 期，第 68 页。

② Oliver Kelly, *Ethics, Politics and Difference in Julia Kristeva's Writing*, New York: Routledge, 1993, p. 27.

③ ［美］乔治·米德：《心灵、自我与社会》，赵月瑟译，上海译文出版社 2004 年版，第 189 页。

④ ［美］乔治·米德：《现在的哲学》，李猛译，上海人民出版社 2003 年版，第 41 页。

研究，因为，符号的意义与文本本身的连接就是约定主义的。正是这种对微观互动过程中产生的情境知识的关注、认知主体和客体的交互渗透的立场以及知识与社会关系的辩证观点，这种符号解释学和互动学对后来的布鲁尔等人的强纲领、马尔凯的文本话语分析与修辞学研究等产生了较大影响。

第二节　经验主义传统的美国 STS 哲学根基

古希腊哲学在认识对象和认识真理标准问题的分期和对立，可以看作是理性主义与经验主义两种传统的最初形式，经过中世纪唯名论和唯实论的发展，这两派之间的分歧得以延续和深化，最终到近代哲学培根和笛卡尔哲学的出现造成了理性主义和经验主义传统的最终确立。

经验主义强调现象即实在的观点，将经验视作一切科学认识的出发点；强调经验实证的极端重要性，认为知识和观念起源于感性世界，只有被经验证明了的知识才是科学的观点。不仅如此，经验主义还认为感觉经验是一切知识的源泉，要获得自然的科学知识，就必须把认识建筑在感觉经验的基础上使用社会调查来收集关于现实生活世界中的各种经验资料，注意社会科学和自然科学的联系，并积极运用现代自然科学提供的技术和数学知识来处理这些经验资料，表现出了价值取向的实用主义和研究方式的实证主义趋势。

因此，美国 STS 总体上受经验主义传统影响，表现出实证主义与实用主义色彩相结合的特点。实际上，美国的 STS 研究并没有表现出浓厚的哲学色彩，而是一种带有实证色彩的社会学研究，因此，传统的经验主义哲学对美国 STS 的影响是通过社会学领域的传递再影响到美国 STS 研究的。从研究方法上看，美国 STS 是一种实证主义的研究方法，重视经验的、微观的、具体的、实证的研究策略。从美国 STS 所体现的价值取向上，则是一种实用主义的研究传统，其目的就是要平衡"是"与"价值"之间的关系，企图找到从工具理性到价值理性嬗变的通道。

一　实证主义的方法论铺垫

实证主义诞生于 19 世纪 30 年代，在社会学中，实证主义指的是用自然科学的概念与方法建立一门人的科学或社会的自然科学的取向①。一般认为，法国哲学家、社会学家孔德是实证主义的创始人，迪尔凯姆是古典实证主义的集大成者。在经历了马赫的第二代实证主义之后，逻辑实证主义是第三代的实证主义，也称作后实证主义。实证主义对社会学的影响深远，可以说社会学从一开始的主流范式就是实证主义的，从 20 世纪 30 年开始，随着实证主义研究重心向美国的转移，美国的实证主义占据了整个社会学理论的主流。帕森斯及其继任者默顿等人都是实证主义社会学的重要代表。

实证主义主张从经验出发，其基本观点是，认为对现实之认识只有靠特定科学及对寻常事物的观察才能获得。实证主义研究方法是在经验主义的基础上发展起来的，它继承了经验主义的基本研究视角，认为只有现象的东西才是社会科学应该研究的。同"现象"一样，"实证"一词的意思是实在的、有用的、确定的、精确的和有机的，孔德和其后的实证主义者一直主张社会学研究应该以现象为出发点，实证主义者把现象当作是社会学认识的根源，要求科学知识是"实证的"。

德兰逊指出了实证主义的五个观点：（1）科学至上主义或者科学方法的一致性。认为只有自然科学才能界定知识的意义；（2）自然主义或者现象主义。科学是对外在于科学的现实的研究。这些客观存在的现实能够被还原为可观察的单元或自然现象；（3）经验主义。科学的基础是观察。对实证主义者来说，研究的程序就是从观察开始，然后进行检验。实证主义所寻求的法则是一种具有解

---

① 蔡平、赵魏：《社会学的实证研究辨析》，《社会学研究》1994 年第 3 期，第 8 页。

释、推测能力的因果关系；（4）价值中立。坚持事实和价值的二元论，科学是独立于社会和道德价值的中立活动；（5）工具性知识。科学是一种工具性、有用的知识①。可以看出，实证主义本质上走的是经验主义的路径。把科学看作是最高形式的并且甚至是唯一真正形式的知识。不仅把其对自然科学的解释视为是可接受的，而且认为其所提出的科学方法，对社会科学同样具有解释能力。

在此基础上，新实证主义延伸了其经验主义的方法论原则。首先，经验主义所关注和要解决的是如何在社会学研究的操作过程中运用具体的自然科学方法的问题；其次，经验主义否定社会现象不同于自然客体的特殊性，要求从社会学的视野中取消属于人的内部状态的判断；最后，经验主义强调感性资料的决定作用，认为社会学是描述科学而不是规范的科学②。

因此，在实证主义的方法论注重研究客观事实和社会产物，将客观存在的社会现象作为研究起点，重视对社会规律进行科学概括，试图寻求社会现象间的相关关系或因果关系；以承认存在着一个拥有特定价值观、信仰、规范和角色的外部世界为前提，集中研究现实内容本身或实质；比较注重用客观性的表达代替引索性的表达，力求补足和解释特定引索性表达的意义，以使其结果普遍化；关注被研究对象的一般性、普遍性或规律性。

对于美国 STS 研究来说，虽然有着种种不同的分类，但所有 STS 理论都有一个共同的实在本体论预设。认为存在着一个逻辑上独立，而非因果独立的实在。美国的科学的实证主义主张，科学理论是对科学实在的描述，实在是不依赖于我们的思想或理论承诺的，不管科学理论正确与否，实在的就是存在的。也就是说，独立于我们的感觉之外，存在着一个我们生活在其中的客观世界。科学

① ［美］吉尔德·德兰逊：《社会科学——超越建构论和实在论》，张茂元译，吉林人民出版社 2005 年版，第 2—3 页。

② 刘群：《实证主义在社会学中的发展脉络》，《长江师范学院学报》2007 年第 7 期，第 63 页。

的主要目标是认识实在。对于"实证主义"范式来说，其根本的内容有：（1）相信社会和自然同构；（2）社会可以像自然科学一样进行研究；（3）社会可以用自然科学的方法和理论来研究。

因此，美国 STS 研究主张必须建立在"经验""实证"的基础上来理解科学技术。科学技术的研究要站得住脚必须能为经验所证实，经验以外的是不可知和无法证实的、空洞的，因而也是非科学的。

二　实用主义：事实与价值之间的桥梁

美国 STS 在研究取向上是实用主义范式的，尽管有的美国 STS 学者刻意回避其研究跟实用主义的相关性，不论其承认与否，美国的 STS 都有较浓厚的实用主义色彩。总的来说实用主义的 STS 强调科学技术以人的价值为中心，以科学技术的实用、效果为真理标准，以实践、行为为本位走向，倡导科学技术与社会联系等，这也反映了美国社会求实进取，崇尚科学与民主的精神。实用主义是美国文化的核心，是美国精神的一种哲学理论概括，体现在美国经济、政治和教育等诸多领域。美国的诸多观念是以不同的方式或在不同的程度上把实用主义的某些观点与其他哲学流派的某些观点结合到一起[1]。例如，实用主义跟分析哲学的结合，形成了分析的实用主义，代表人物是技术哲学家皮特，实用主义和现象学结合，形成了实用主义现象学，代表人物是唐·伊德，又称作后现象学。

实用主义（Pragmatism）的希腊文是 Pragma，意思是行为、行动。实用主义与英语中的实践（Practice）一样，都是从希腊语中的"行动"一词转化而来的。因此，实用主义是一种行动哲学，强调人的行动和实践的社会性，并要超越传统上的利己主义而实现个人与他人的协调。实用主义又是一种实效哲学，例如皮尔士认

---

①　涂纪亮：《实用主义、逻辑实证主义及其他》，武汉大学出版社 2009 年版，第 31 页。

为，"实用主义的方法，不是什么特别的结果，只不过是一种确定方向的态度。这个态度不是去看最先的事物、原则、范畴和假定是必需的东西，而是去看最后的事物、收获、效果和事实"①。

实用主义首先确立了科学技术的价值论观点，认为不仅技术是负载价值的，而且技术的价值是多元化的。杜威认为，哲学的中心问题是：由自然科学所产生的关于事物本性的信仰和我们关于价值信仰之间存在着什么关系（在这里所谓价值一词是指一切被认为在指导行为中具有正确权威的东西）。"② 这样，杜威便将科学的价值问题上升到哲学的中心问题来考察。不仅如此，杜威还看到了科学在社会生产中的作用，杜威强调，"可以毫不夸张地说，科学，通过其在发明和技术上的应用，是近代社会中产生社会变化和形成人际关系的最伟大的力量"③。而从某种程度上说，技术工业是科学的产物，也对社会发展产生深刻而深远的影响。

同时杜威还认为："促使世界目前正在经历的巨大而复杂的变化的真正动力，是科学方法以及由此而产生的技术的发展"④。因此，在杜威看来，技术价值的实现要通过多元的计划与文化中的其他价值结合在一起，而不是一元论的管理，同时人也通过对技术负责任的挑选和使用，来实现自身的价值。对技术价值的肯定是实用主义技术观的重要价值所在。

其次，实用主义为科学技术提供了价值、方法论及行动标准。具体体现在，实用主义真理观为科学技术的价值判断提供了一种衡量标准，即有用性和效用；实用主义方法论为科学技术提供了一种

---

① ［美］威廉·詹姆斯：《实用主义》，陈羽纶、张瑞禾译，商务印书馆 1979 年版，第 3 页。

② ［美］约翰·杜威：《确定性的寻求》，傅统先译，上海人民出版社 2004 年版，第 258 页。

③ ［美］约翰·杜威：《人的问题》，傅统先译，上海世纪出版集团 2006 年版，第 132 页。

④ ［美］约翰·杜威：《自由主义与社会行动》，华东师范大学出版社 1981 年版，第 305 页。

科学的方法论，即实验—探索方法；实用主义实践观为科学技术的发展提供了一种实施方式，即采取行动、注重实践。因此，实用主义高度关注技术功能与效用，强调实践，对技术发展持谨慎乐观态度的观念①。因此，实用主义的真理观成了美国 STS 中科学技术价值论的重要理论基础。

工具主义（Instrumentalism）是实用主义的核心内容。詹姆士关心的不是真理的真的方面，而是它的效用的方面，即人们相互约定、共同承诺的方面。杜威发展了詹姆士关于知识是行动的工具的思想，赋予他所探索的实用主义一种工具主义的形式。在杜威看来，"各种概念、理论、体系，不管怎样精雕细琢、自圆其说，都只能算是一些假设。它们是工具。同所有的工具一样，它们的价值并不在于它们自身，而在于它们的功效，功效是显示在它们所造成的结果中的"②。可见，思想、概念、术语、理论等，所有这些都仅仅是人们为了某种目的而设计的工具③。

杜威系统论述了工具主义真理观，在杜威看来，"各种概念、理论、体系，不管怎样精雕细琢、自圆其说，都只能算是一种假设。只能承认它们是行动的出发点，受行动的检验，而不是行动的结局。它们是工具。同所有的工具一样，它们的价值并不在于它们自身，而在于它们的功效，功效是显示在它们所造成的结果之中的④。杜威认为，"工具主义是这样一种企图，即通过主要考虑思想如何在对将来的后果做出实验性决定中起作用，来构成这个概念、判断和推理的各种形式的、准确的逻辑理论。这就是说，它企图通过从那种归之于理性的改造和媒介的作用中，引申出普遍

---

① 高经宇：《美国实用主义技术观探析》，硕士学位论文，大连理工大学，2009年，第 17 页。

② 洪谦：《西方现代资产阶级哲学论著选辑》，商务印书馆 1964 年版，第 175 页。

③ 庞丹、李鸥：《杜威的实用主义技术哲学研究纲领》，《东北大学学报》（社会科学版）2006 年第 9 期，第 319 页。

④ 洪谦：《西方现代资产阶级哲学论著选辑》，商务印书馆 1964 年版，第 175 页。

为人们所承认的区别和逻辑规则，而把这些区别和逻辑规则建立起来。"①

因此，从这个角度上讲，工具主义主要体现在对真理的评价上，"如果观念、意义、概念、学说和体系，对于一定的环境的主动改造，或对于某种特殊的困苦和纷扰的排除确是一种工具的东西，它的效能和价值就会系于这个工作的成功与否。如果它们成功了，它们就是可靠、健全、有效、好的、真的。②工具意味着价值中立，也就是说，工具主义本身是无关乎价值的。从这个意义上看，实用主义所讲的工具主义跟法兰克福学派的工具理性是相近的。

工具理性是法兰克福学派的重要概念，在韦伯那里，工具理性是指行动只由追求功利的动机所驱使，行动借助理性达到自己需要的预期目的。杨庆峰认为，韦伯的工具主义与工具理性所表达的意思是相近的③。科纳尔曾经这样评价杜威的工具主义伦理学："对杜威来说，一个道德判断恰恰是另外一个通过通常的科学手段使之有效的经验假设。就是说，某物有价值仅仅在于它作为或继续作为一个令人满意的源泉服务于人。"④

而价值理性表现为一种主体主义的理性，价值理性既表现为一种"客体对主体的满足"也表现为主体所需要的方面，强调人的精神，作为主体的人的价值的满足，从这个意义上讲，实用主义与价值理性又是相通的。

在杜威看来，真理的检验是动态的、实践的，包含两个方面——事实检验和价值检验。事实检验是客观指向主观的，即客观

① John Dewey, "The Development of American Pragmatism", *Philosophy and Civilization*, New York, 1968, p. 28.

② 万俊人：《现代西方伦理学史（下卷）》，北京大学出版社 1992 年版，第 287—288 页。

③ 杨庆峰：《技术作为目的——超越工兵主义的技术观念》，博士学位论文，复旦大学，2003 年，第 20 页。

④ ［英］科纳尔：《伦理学理论中的革命》，牛津大学出版社 1966 年版，第 194 页。

要求主观与自身相符；价值检验是主观指向客观的，即主观要求客观适应自己的需要。价值检验换言之就是要求真理是有用的。实用主义强调真理的有用性，实际上就是强调真理的价值检验。从这个意义上说，工具主义又不完全拒斥价值理性，为价值理性与工具理性在实践活动中的整合预留了契机。

就真理性认识本身来看，一个事物的本来面目到底是怎么样，此种真假认识和判断本身并无涉价值；对于认识主体来说，对外界事物的认知和真假判断，理应秉持一种客观的价值中立的立场，唯此才能正确认识事物，把握其本质和规律。当然，真理性认识在指导人的行为实践的过程中肯定会发挥巨大的功能，具有满足人的主体性需要的巨大价值，从这个意义上说，真理又是有用的。但这种"有用性"是建立在客观性基础上的，若不是建立在对客观事物本来面目的正确认识基础上，就无所谓真理，真理的客观性与价值的有用性固然有着内在的联系，但二者绝不能相互取代[①]。

实际上，在道德评价领域中，传统经验主义价值理论认为事实与价值之间存在不可沟通的鸿沟，事实是由理性来判断"真"的问题，即"实然"的问题，而情感则是判断价值即"应然"的问题，作为反映理性的科学不能应用到价值领域中。这也是美国STS中关于"是"与"应该"问题争论的实质，即价值理性与工具理性的问题。如前所述，实用主义是沟通二者的桥梁，而以杜威为代表的实用主义——工具主义真理观则更彻底，指出了工具理性向价值理性嬗变的通道。从"有用就是真理"这一实用主义核心命题看，工具主义伦理学明确了以价值标准取代真理标准。因此，我们可以得出，从工具理性出发，导致的是STS中的技术工具主义，也就是技术中性论，从价值理性出发，导致的是STS中的技术价值论。

---

① 张晓东：《实践理性向工具理性的蜕变——杜威工具主义伦理观探析》，《学术研究》2009年第9期，第17页。

第三节　欧美STS哲学基础之比较

一　认识论：相对主义与绝对主义

在本体论上，美国STS主张的是自然实在论，即知识是对客观自然世界及其规律的反映，认为科学知识是"自然之镜"，他们强调科学知识的基础主义和客观主义，认为科学知识的真理性与客观性的基础是建立在自然的结构或规律之上的。表达了一种认识论的自然主义倾向，他们坚持统一的科学观，认为社会是在自然之中，社会现象与自然现象之间并没有本质的差异，他们都是一种实在，需要遵从相同的科学法则，使得美国STS也应该效仿自然科学建设成为一门类似自然科学的存在确定性的学科。

欧洲STS解构主义色彩浓厚，科学知识社会学的产生最初并非从社会学理论本身，而是从科学哲学的争论中引发的。在本体论上，欧洲STS研究强调社会实在，遵循一种去物中心化的研究路线，在社会建构主义看来，没有独立于理论的绝对事实，事实总是相对的，由科学共同体的态度和信念、理论框架、意识形态组成的范式决定了界定事实的规则和标准。因而是一种反经验主义和实证主义路径。其次，社会建构主义反对那种主张万事万物都存在着一个普遍的本质、人们可从变化万千的现象和过程中发现稳定的特性和共同的特点的本质主义观点，认为任何事物都没有恒定不变的普遍本质，表达了一种反本质主义观念。再次，社会建构主义认为，任何一种知识的形成都渗透了人对认识对象的处理，所以，真理是并不是被发现的，而是被发明的，是建构的产物，又是一种反基础主义路线。最后，社会建构主义认为态度、信念、认知、情感等心理现象的原因并不在个体心理的内部，而在于社会生活中的人际互动，表达了一种反个体主义的倾向。

美国STS重构主义色彩浓厚，皮克林选择了实用主义实在论的科学观，试图重构绝对主义与相对主义的本体论断裂。在皮克林看来，由于强调知识表征链的结构在对物质力量的捕获和构架方面断裂所具有的非确定性的复杂的特征，冲撞理论提供了科学知识的现实主义评价。实用主义实在论并非置身于知识是否表征自然地争论某一位置，它要做的是彻底颠覆这一争论。一旦我们接受实用主义的实在论对世界的知识性介入，反映论问题便不再显得紧迫，给予实用主义实在论，我们可以发现反映论实在论存在的许多问题。认为我们的世界是不确定的、具有多样性的本体论和知识论的集合，每一种集合在其特殊的周而复始的惯常领域是自洽的，这是实用主义实在论内在蕴含的结果①。皮克林的这种实用主义的实在论，区别了同哲学中传统的实在论与反实在论的争论对应的反映论的实在论。

二 方法论：社会认识论与自然主义

自然主义认识论这一术语最早来自于奎因，他在 1969 年发表了《自然化的认识论》一文，虽然在文中他并没有给出这一术语的精确定义，但却提出了一种新的认识论方案，他认为认识论应该是自然科学，尤其是心理学的一个分支，我们应从行为主义心理学和科学史的探究中去寻找人类知识的构成及其基础。为了迎合讲究实效与行动的社会要求，哲学家将自然主义与实用主义相结合，主张一种务实的、可以用于人们实践的实用哲学。与以往自然主义相区别，兴起于美国的自然主义走上了完全不同于传统哲学的路径，反对传统认识论对规范主义的追寻，强调认识论与经验科学之间的连续性，主张利用自然科学的方法理解科学知识。

自然主义，有时候指形而上学的自然主义，有时候也指方法论上的自然主义。在社会学中一直存在一个争论，即社会学能否在严格的意义上成为像自然科学一样的科学，延伸到方法论上，也就是

①　[美] 安德鲁·皮克林：《实践的冲撞——时间、力量与科学》，邢冬梅译，南京大学出版社 2004 年版，第 28—29 页。

说社会学能否使用科学的方法（归纳、预测、实验等等）来进行研究。人们一般称之为"方法论的自然主义"①。

奎因将自然主义认识论看作是科学研究的基础，认为，"认识论所关注的是科学的基础。而更为广泛的构想是认识论包括把数学基础的研究作为它的一种起始点之一"②。艾文·高曼把这种自然主义认识论表征如下："所有的辩护都产生于经验方法。认识论的任务就是尽可能详细地澄清与捍卫这些方法。"③

自然主义认识论重视感性经验在科学认识中的作用，认为科学研究的方法是实证方法，科学的理论必须要经过感性经验的检验在证实或者证伪。在自然主义认识论看来，这些感性经验材料既可以是个人的、也可以是社会的他人的，既可以是直接的，也可以是间接的。自然主义认识论直接秉承了实证主义的关于感官体验是人类知识源泉的观念，实证主义的研究方法可以追溯到培根的经验论。在培根和休谟的时代，用牛顿的实验科学方法对各门学科进行重新研究和改造已经成为一个大趋势，在许多科学部门，尊重观察和实验，运用归纳方法，已经成为必须遵守的研究准则。这种研究方法既不同于科学哲学以思辨为主的纯理论化研究，也不同于科学史的后验研究。

在方法论上，把发现的逻辑与辩护的逻辑分开，认为通过一组逻辑规则可以证明经验的有效性以及科学知识的客观性，而这些逻辑规则也具有客观性，掌握了逻辑规则就可以证实科学的真理性。科学理论的可靠性、真理性取决于观察和实验，广泛利用经验的研究方法和社会框架的分析方法。在他们看来，科学关心的是真理性

---

① 刘鹏：《SSK 的描述与规范悖论—并基于此兼论后 SSK 与 SSK 的决裂》，《自然辩证法研究》2008 年第 10 期，第 23—25 页。

② W. V Quine, *Epistemology Naturalized in Ontological Relativity and Other Essays*, New York and London: Columbia University Press, 1969, p. 69.

③ Goldman, Alvinl, *Pathways to Knowledge: Private and Public*, Oxford: Oxford University Press, 2002, p. 26.

问题，要放弃对被研究对象与所获得的结果的本质作价值判断，保持价值中立。

社会认识论则注重一种社会学的分析，即在认知过程中的社会学研究方法的引入，这对科学的合法性丧失问题具有一定的弥补作用，同时社会因素的加入也有利于认识论向更加成熟完整的方向发展。社会认识论的代表人物是高曼和福勒。

社会认识论认为社会与自然完全不同，科学不能脱离个人和社会的意识而存在，科学技术活动中充满了主观意义的社会符号，而社会符号则是由个人或者群体意识赋予的，具有情境性的特征。"知识是一种社会产品和商品，所以人们的认识活动是一种类似于生产活动的有组织、需要协调和规划的社会性活动。"[1] 因此，在社会认识论看来，对待科学技术不能像自然主义那样追寻其因果必然性和规律性，这种意义符号的观念受现象学的社会世界，符号互动理论的影响。

知识社会学就是在社会认识论和自然主义路线影响下发生了分化，在崔绪治看来，其中最重要的两个分支，一是集中探讨日常知识的社会根源，它导源于现象学传统；二是考察知识与外部社会因素之间的因果关系，它沿袭解释学研究传统。此后，这两个分支又形成了实证主义和唯物主义两大阵营，前者强调个人因素和历史方法论，倾向于将自然科学知识从社会决定论中分离出来；后者强调社会因素和环境制约作用，揭示了社会对知识的决定作用，并将这些知识同其赖以产生的物质存在方式加以对照。这两个阵营分别在美国和英国找到了各自的归宿，美国是实证主义阵地，英国是"新马克思主义"阵地[2]。

---

[1]　Steve Fuller, *Social Epistemology*, Bloomington：Indiana University Press, 1988, p. 3.

[2]　崔绪治、浦根祥：《从知识社会学到科学知识社会学》，《教学与研究》1997 年第 10 期，第 45 页。

第六章 国际 STS 研究的主题演变与多种转向

STS 在国际学界形成热点，一方面，显示了 STS 在相关领域巨大的吸引力，越来越引起社会公众的关注，走向了实践转向的行动主义的纲领；另一方面，关于实践转向的迫切要求需要 STS 有一个整合的理论框架来指导，理论上的多元性也是导致目前 STS 发展争论较多的重要原因。近年来 STS 领域内一个重要的转向就是从描述的进路转向规范的进路，STS 研究不再囿于传统的学院式的哲学反思，而是转向对政治和实践的探索。一个重要的体现就是关注 STS 研究与政策的结合，强调 STS 的介入纲领（engagement）。宏观地讲，从理论到实践上，未来 STS 关注的论题域主要有以下几类。

第一节 STS 研究的主题演变

一 STS 基本理论和研究进路的多元化趋势

从最近 STS 趋势来看，关于 STS 的理论探讨已经不是 STS 研究的重点。但关于 STS 理论探讨以及"合法性"的获得却是 STS 研究中的理论内核部分，近年来关于 STS 研究出现了众多的理论进路，许多经典的 STS 研究方法被再次提及。

弗吉尼亚理工大学的约瑟夫·皮特教授提出了一个 STS 的哲学基础，皮特认为，STS（Science and Technology Studies）的哲学基础不等于科学哲学与技术哲学的综合。STS 应当有自己的本体论、认识论基础。STS 的哲学基础关系到科学的客观性问题。在 STS 研究中，科学的客观性受到了来自各方的抨击，所以皮特提出，要将 STS 研究视角转移到皮尔士的实用主义哲学。皮特认为，皮尔士的语用学不仅能够适应 STS 对于客观性的诉求，而且能够作为 STS 研究的哲学基础。按照皮特的观点，皮尔士的实用主义哲学对 STS 研究的启示有两点：一是科学作为可以自我调整的过程，其成功的评价标准是同形共同体，这包括科学标准与科学知识的内容都是可以不断修正的。因此，被解释为客观性的知识是可以随时改变的。二是存在一种质疑，以及在质疑的基础上去认识这个世界的真实状态的目的，在此种目的下，我们会提出一种完全的关于客观性的解释来。

后现象学研究是近几年来 STS 理论探讨的热点，纽约州立大学石溪分校的唐·伊德教授认为，在行动者网络理论（ANT）与后现象学语境下，无论是前者强调的语义学模型还是后者强调的诠释学模型最初都是语言学指向的。伊德提出，自然科学发展了一套精确而又复杂的"图像解释学"，具身化为现代甚至是后现代的成像技术中。然而，在语言学语境下，人文和社会科学的研究者是怎么样接受并整合新的成像技术到他们的学科实践中去的？伊德的回答是，将一种"物质解释学"引入到这种学科解释。

紧接着，伊德用后现象学的方法分析了聚焦在人文和社会科学上的具身与物质的历史的一种特殊形式："书写。"伊德认为，在长期历史发展的实践活动中，书写的演变史主要包括四种主要的存在方式：碑铭、纸与硬笔、印刷技术、电子书写。最初的书写活动类似于雕刻和陶器上的文字。其次，随着纸或者其他软的书写材料以及羽毛钢笔和毛笔的出现，而出现的一种新的"书写"方式，这种"书写"实践需要一种与雕刻不同的身体技能。再次，随着印刷技术的改进，这种书写所需要的身体技能是将前两种书写技能的综合。最后，随着现代键盘的发明，需要的技能用手指敲击键盘，这跟弹钢琴或演奏其他乐器的技能类似。而在当代技术发展情境下，数字键盘屏幕的出现，加上网络以及其他全球性技术的发展，实现了通过屏幕进行互动的文本写作。伊德指出，最后一个方式实现了从文本和书稿作为主要书写材料到一种以音频和视频为基础的稳定的图像为书写材料的转换。伊德认为，这种互动的电子和图像技术，将最终影响我们并重新塑造我们对读和写的认识。

荷兰特温特大学的彼特·保罗·维尔比克（Peter - Paul Ver-beek）教授提出了一个后人道主义的人类学研究方法（Post - Hu-manist Anthropology）。维尔比克认为，技术发展明显地干预了人类本性，例如，组织工程学和大脑移植工程使得重新定义人类变为可能。维尔比克指出，关于后人道主义讨论受两种思潮影响，乌托邦的超人类主义运动者认为现代智人的出现是人类进化的必然，而敌托邦主义的人类尊严的辩护者则强烈反对一切违背人类本质的观点，双方的争论最终使这场争论陷入僵局。在批判了这两种思潮基础上，维尔比克教授认为双方观点各自指出了技术促进后人类（post - humanity）发展的观点的一面。维尔比克总结到，与科幻文学的想象不同，回答这些问题需要对新出现的人道主义技术进行仔细的分析，并且要理解这对于人类来说意味着什么。因此，未来关于对人性的道德讨论就需要一种"后人道主义"的人类学。

另外，关于后现象学还有美国的米勒斯威尔大学斯塔西·欧文（Stacey Irwin）的"具身化：体验的现象学"；荷兰马斯特里赫特大学的杰克·帕斯特（Jack Post）的"在 ANT 与后现象学语境下重新思考装置理论"；荷兰特温特大学的史蒂文·丹莱斯汀（Steven Dorrestijn）的"技术中介的理论与框架"。

来自英国华威大学的史蒂夫·富勒（Steve Fuller）提出了一个后 STS 语境下的社会认识论研究框架，面对科学大战中索卡尔的愚弄，包括柯林斯、拉图尔以及唐娜·哈拉维的还击都是无力的，STS 学者承认了索卡尔的愚弄，这就给 STS 学者提出了"索卡尔事件"的另外一个问题，即 STS 是否能够"说到做到"（walk the walk）还是仅仅是"说说而已"（talk the talk），这个问题也触及了社会认识论的内核。富勒认为社会认识论受来自科学的社会学研究和科学史的洞见，关注的是实践的标准性的问题。富勒又区分了相对主义和建构主义的不同，认为相对主义与建构主义是两个不同的概念，相对主义意指科学的非普遍有效性，而建构主义意指不能忽视科学知识中的社会因素。两者都是对科学实在论的否定。STS最终产生了不是知识社会学的科学社会学。

美国弗吉尼亚理工大学的詹姆斯·科利尔（James Collier）分析了社会认识论与人文学科的危机问题。面对人文学科的危机，科利尔分析了社会认识论在人文学科研究受到科学的攻击时所起的作用。认为社会认识论对当前流行的索卡尔事件中对STS所体现的种种攻击提供了一个完美的视角。每一次人文学科的危机的出现都会导致一次方法论的转向，例如认识论转向、历史主义转向、修辞学转向，等等。在索卡尔事件之后，"客观导向的社会"（Object-centered sociality）被"观察负载理论"（Theory driven observation）所取代，哲学家曾经关注的"问题"（problems）现在被"事实"（facts）所取代。当前STS研究的哲学旨趣是朝向本体论而不是认识论。在这种情境下，科利尔分析了在人文学科与STS研究中的标准的可能性，并为社会认识论的研究与批评STS的科学家提供一种可能的对话机制。

其他涉及到STS基本理论研究的还有新自由主义和科学的新政治社会学、实验室研究中的合作与介入问题、行动者网络理论（ANT）的应用问题、女性主义的科学研究、后殖民主义、科学人类学等问题。

二　实践与政策转向的 STS

实践转向的STS是近年来STS研究中的主要发展趋势，实践转向一方面要STS关注行动主义——即政策参与。正如美国佐治亚理工大学苏珊·科岑斯（Susan Cozzens）提到，"在STS研究与政策行动之间需要更多的介入框架"；另一方面则指向了科学技术的政治学研究。STS 研究聚焦于政策近期 STS 研究的重要特点，不少学者围绕水的技术与管理、气候政治学与全球性问题、科学的私人化、技术与创新、技术评估、风险问题、规则的政治学、社会技术与科技政治学、STS 与政策和国际安全、新兴民主与科学的不确定性、社会技术与科技政治学关系等问题展开了研究。

荷兰阿姆斯特丹大学的马尔洛斯·布兰克斯汀（Marlous Blankesteijn）分析了荷兰水管理的知识框架。布兰克斯汀指出，荷兰的水管理综合知识包括工程原则、经验知识、特殊领域的知识与生态学知识。为了建构其在政策制定过程中的权威，就需要这些传统知识与科学之间的协商。由于环境、政策等课程的引入，水管理在荷兰正在逐渐变得专业化。于是，在管理的专业化过程中，从强调更经验、非规则性的知识转向聚焦于专业的科学讨论；例如，用系统生态学和水生物学的方法来评估水质的讨论。政治决策的制定者也正逐渐在水管理中采取基于科学为基础的政策。在经验研究的基础上，布兰克斯汀认为这不会导致水管理的多种解释路径。这些问题的分析引出了当前和将来荷兰水管理的组织问题和不同知识的评估问题，而 STS 关于合作生产、专业化的分界工作和对知识的理解上会加深对当前讨论的认识。

美国亚利桑那州立大学的汉诺德·罗德里格斯（Hannot Rodríguez）提出了关系风险（Relational Risk）及其治理的问题，罗德里格斯认为，风险的相关性指的是风险是由一系列经济、政治、认识论的、技术和文化的异质群体的交互作用组成的。关系风险概念的提出有助于在风险和社会关系上引入价值的评估，强调作为"情境"（contextual）的社会因素对风险的影响。通过对情境的两种不同的解释，一种解释认为风险是由不同的甚至是对立的社会群体利用可替代的或者工具性资源，建立一种共有的可解释的关系，并把他们的世界观强加给其他人的关系；另一种解释认为，公众对风险的认知和接受取决于一系列的因素，如风险的任意性、新的风险或是未知的风险、风险审查的收益。罗德里格斯认为，这些情景显示的是对风险社会研究的重要内容，应该把风险理解为纯粹的社会现象并聚焦于在风险形成过程中的科学与技术的安全主题。关系风险整合了异质利益与价值。最后罗德里格斯提出了整合风险治理的主要标准和一般性原则——公共参与、预防原则、可持续发展。

荷兰阿姆斯特丹大学的约翰·格瑞（John Grin）教授通过反思设计，提出了 TA 与 STS 面临的新的挑战。格瑞指出，技术评估已经与现代社会的发展状况密切相关。从 1990 年以来，演化论的技术评估的新方法开始产生，技术评估的方法诸如建构主义的技术评估、互动的技术评估和想象评估都不断寻求"社会形塑技术"（shaping technology in society）的支撑。这不但导致新的方法论的出现，也有利于实践经验的发展。近年来反身性设计被看作是一种系统性的社会工作，成为演化论技术评估方法中的主要工具。因此，从 STS 视角看技术评估将变得更加激进。在这种情境下，格瑞分析了技术评估面临的新挑战，认为 STS 视角的技术评估中所采用的科学方法、战略导向以及民主协商的程序，拒斥了专家治国论的谬误。

技术与空间是近年来 STS 领域内兴起的热门话题，也是作为解释工具的 STS 解释世界的尝试。STS 的经验案例研究，其基本假设就是技术能够提高人类的生活质量并促进可持续性的发展，并且技术与我们所存在的空间是共同演化的（Co - evolve）。这一假设依赖于"技术"（technology）与"空间"（place）概念的提出：麦肯齐与瓦克曼指出了建构技术的三个要素——人工物、知识与实践；同样，阿格纽（Agnew）指出了建构空间的三个要素——位置、场所与空间意识。在此基础之上，美国德克萨斯大学的史蒂芬·摩尔（Steven Moore）教授分析了技术、地方与气候的问题。并且将气候引入到这一假设的基本前提中。摩尔教授演绎分析出以下两个基本论点：一个是气候已经成为当代技术发展影响的最重要的后果；另一个是气候往往也是一个地区自然条件最为重要的因素。摩尔认为，麦肯齐与瓦克曼、阿格纽等所提出的技术与空间的概念从起源上讲是属于人类的行动者要素，而气候则属于非人的行动者。而当前STS案例研究的主要任务就是拓展人类与非人类行动者的系统分析的边界，因此建构成功的STS分析与行动框架必须要综合考虑各种异质要素。

另外，还有哈佛大学的格里莎·迈特利（Grischa Metlay）分析了科学的不确定性以及政治争论的问题；英国苏塞克斯大学的艾德里安·史密斯（Adrian Smith）提出了技术评估与技术转移分析问题；佐治亚理工大学的苏珊·科岑斯提出了新兴技术的评估问题；亚利桑那州立大学的约瑟夫·赫科特（Joseph Herkert）提出了新兴技术的伦理学挑战的问题等等。

三 STS 研究中的工程问题

工程问题也是近年来学术界关注的热门课题，工程问题也因与实践的密切相关性受到STS的强烈关注。STS研究另一重要的特点就是对于工程研究的重视，在会议上有不少学者探讨了诸如工程与社会正义、工程研究的目的等问题，具有明显的工程伦理意蕴。

美国工程院的蕾切尔·霍兰德（Rachelle D. Hollander）做了工程、社会正义和美国工程院的可持续发展的报告。霍兰德提供了美国国家科学院2008年秋季的一场讨论会的简要的背景总结，包括讨论会的目标、组织，一些参与者和观众的基本观点以及CEES下一步的工作计划。讨论会的目的是促进工程伦理的实践研究，危机与冲突下的工程实践，伦理与社会问题下的工程教育以及专业群体的介入研究。并且，讨论会吸引了来自广泛专业领域包括政府、NGO以及高校的人文主义的学者与社会科学家以及工程师。最后，讨论会所取得的共识是强调工程参与的可持续性和人文主义的活动。但问题的关键是工程活动与社会公正的问题，CEES希望通过开展一些新的活动来使工程师更好的表达他们的观点。

麻省理工学院的苏珊·希尔贝（Susan Silbey）的报告题目是，

技能知识与专业判断的辩证关系。希尔贝认为，工程教育的不变特征之一就是周期性的改革，这种周期是地方性的，主要原因是工程始于一种带有责任的特殊的工具性概念。工程的工具逻辑不断经受教育改革的目的就是寻求解释力与专业实践的判断力。通过对两位新的工程同事的采访，希尔贝提出了工具逻辑是怎样导致教育改革的后退的问题。对工程教育不能培养工程师的创新意识以及工程师的社会责任的批判等问题，希尔贝提出的方案是，新的工程教育要尝试直接列举工具理性的局限，通过以使学生学习定义客户对象、问题解决模式的工程教育。而不是首先在数学和科学的专业知识基础上，通过已知的技术教导如何应用知识，这就要求学生去主动寻求知识，而不是去应用知识。

马里兰大学的大卫·克罗克（David Crocker）教授的题目为社会正义需要什么？STS、工程师与卡特里娜。通过对卡特里娜飓风灾难的考察，克罗克提出，作为政治学、STS 以及工程师群体应该如何回应诸如卡特里娜飓风等灾难？克罗克介绍了一个重要的对卡特里娜飓风的回应，灾难的本质与原因以及从相关灾难中得来的教训的研究。提出，存在两种对灾难的责任，一种是中立并且客观的描述和解释灾难发生的原因；另一种是一系列的道德程序行为，（一）为过去的灾难寻求道德责任（不论作为或者不作为）；（二）建议制裁那些对可避免的灾难的道德解释；（三）补偿灾民；（四）采取公平有效的方式来避免或者减少类似灾难的出现，然而，这两种对灾难的责任的关系是什么？更人的问题是，科学与工程专家怎样与一个民主的政治群体评估过去错误的道德责任相联系，为了澄清这一问题并且提供一些尝试性的回答，克罗克考察了南非、智利等国家的实践经验，提出两种解决方案：一种是客观的科学调查诸如政治中立的法庭辩论和历史社会学调查；另一种是道德解释性的伦理判断、公正的补偿和未来的调整方式。作为国家真相与和解委员会的群体要协调平和这二者的关系。因此，社会正义需要一种由民主机构授权的客观公正的社会研究，并且能够参与到公众讨论中。

同样来自马里兰大学的杰拉尔德·加洛韦（Gerald Galloway）教授从一个工程师的角度谈了工程与社会正义的问题。加洛韦首先介绍了美国工程师在专业实践中所承担的责任的指导思想是来自于美国土木工程师学会（ASCE）的卡农伦理学。加洛韦指出，先前工程师的责任主要是满足客户所建立的一系列参数的需要，而这些参数的建立并没有充分的考虑社会正义、环境的可持续性，以及风险的等级问题。而只有少数的工程师，能够认识到工程师所承担的社会责任，包括向客户提供一系列的建议来说明工程师的工作可能会带来一系列的社会风险，并且强调，需要降低这一项目对社会的危害参数。通过对卡特里娜以及其他工程的社会后果研究，加洛韦认为，现代工程师在 21 世纪面对更多的复杂性的挑战，这就需要当代的工程师，尤其是美国本土以外的工程师，面对不同的社会标准，更应当仔细分析技术工程以外的社会影响。而 ASCE 在工程教育中也作出了一系列的努力，保证工程师在多种话题的学习中受益，诸如全球化中的多样性、内在的文化传承、当代的社会问题包括环境公正、专业伦理学、工程师伦理的哲学思考，等等。因此，加洛韦相信 STS 学者、公共政策专家和伦理学家将在未来的工程师伦理指导的知识创造中发挥更重要的作用。

另外，还有弗吉尼亚理工大学的加里·汤尼（Gary Downey）的"工程研究的目的"；德雷克塞尔大学斯科特·诺尔斯（Scott Knowles）的"风险社会中的工程师"；普渡大学的布伦特·杰西克（Brent Jesiek）的"美国工程师的全球化特征：从技术援助和技术发展到全球竞争"；威斯康星大学的琳达·霍格尔（Linda Hogle）的"交叉学科与工程师"等。

四　其他相关 STS 研究趋势

美国北德克萨斯大学的罗伯特·弗里德曼（Robert Frodeman）作了"作为交叉学科的可持续发展"的报告。弗里德曼提出了人们在定义与应用可持续发展时面临的三个基本挑战，这三个基本挑战围绕着知识生产过剩的问题，而不是物质产品或者服务的过剩问题。知识过剩导致了生产和管理日益增长的知识的可持续性的危机。因此，弗里德曼提出了知识生产的可持续的生产三个方面：（一）公众、决策者以及可持续的研究者处理信息的能力；（二）可持续发展的整体主义、交叉学科的本质与可持续发展研究的传统学科特征的对比；（三）成为可持续发展的研究专家。最后弗里德曼还解释了为什么学院派不能够系统的提出关于可持续发展的充分说明等问题。

密歇根州立大学的保罗·汤普森（Paul Thompson）提出了作为伦理学的可持续发展的问题。汤普森认为，可持续发展的概念在功利主义哲学那里强调的是在生产和消费过程中对资源投入的持续可用性，可持续强调的是资源的重新分配或者对政治经济的弱势一方的伦理学意含。因此，需要将更多的生态学方法引入到可持续发展中，并且要强调系统的整合与标准概念的张力等问题。

德国达姆施塔特工业大学的阿尔弗雷德·诺德曼（Alfred Nordmann）的报告是"能量定律、可持续发展与可能性"。诺德曼认为，要了解新兴技术的社会动力学机制，就有必要了解可持续发展的被协商的多种意含。诺德曼首先澄清了至今未被主题化的一个模糊概念，即可持续发展的内容是资源的可持续消费和经济的增长之间的平衡。因此，全球的经济与生态的资源消耗与更新根据能量定律被科学概念化了，按照能量定律的解释：在一个封闭系统内，任何事物既不增加也不减少，物质与能量只是在循环分配。而从另一个概念上讲，可持续发展指的是新资源的发现超出维持目前现有的资源消耗和经济持续发展。在此，诺德曼指出，技术科学作为一种通过工程创造人工物的可能性，不存在可持续的物质与能量，这显然违背了能量定律的原则。因此，可持续发展的问题与能量定律（物质守恒、能量守恒）的模糊性联系在一起。通过纳米技术研究，诺德曼指出了一些高技术对能量定律的违背。诺德曼最后认为，纳米技术研究不是本质给予而是一种潜在的现实性，对于纳米技术来讲，可持续发展也许只是一个空头许诺。

威斯康星大学德丹尼尔·克莱因曼（Daniel Kleinman）和科罗拉多矿业学院的詹森·戴尔伯恩（Jason Delborne）的报告是公众参与：高技术时代公众参与的高成本。通过对公众参与领域两次关于纳米技术的公众会议的案例研究，克莱因曼与戴尔伯恩分析了促使公众参与日常新兴"高技术"（蕴含高度复杂性、高成本、巨大的潜在影响的技术）的讨论影响因素，并且考察了这两次共识会议参与者的人口统计学与其他相关特征，以及他们参与会议的理由。克莱因曼与戴尔伯恩指出，在特定时期、特定地点公众参与的成本是巨大的。因此，重要的激励措施对公众参与的影响是巨大的，这些激励措施可能是内部的，例如：个人兴趣或投资政策的收益，也可能是外部的（资金）。在这种情境下，克莱因曼与戴尔伯恩批判了那种召集没有专业知识背景的参与者来参与这种共识讨论会或者其他民主审议论坛的做法，因为这些参与者与所讨论话题没直接的个人或者知识上的联系。

国际 STS 经过几十年的发展已经表现为一种学派林立、思想繁杂并不断更迭交替的态势，形成了一种对不同 STS 观点和立场能够兼容并蓄的泛教会（Broad Church）的局面。其中欧洲和美国的 STS 研究代表了国际 STS 发展的主流，通过对欧美 STS 研究传统的系统比较，尝试探索未来欧美 STS 两个传统的走向与国际 STS 研究的动态，对于我国 STS 研究的发展是有重要启示作用的。

第二节　欧美 STS 研究的多种转向

有的学者认为可以走向和解，例如，大卫·艾杰认为两种传统可以走向一种"创造性的和解"，因为 STS 研究之所以造成这样的鸿沟，除了学术旨趣与传统的不同以外，最重要的是缺乏学术共同体之间的沟通。她指出："从事互引的研究者及其批评者，强纲领与反思性的话语分析者，常人方法论与政策的分析者，都有彼此疏离的通病。"① 对此，艾杰认为，不仅是在 STS 共同体内部，在 STS 共同体外部的历史学家、哲学家、政治学家以及科学家等都纷纷寻求 STS 共同对话的平台。这主要表现为"批判"进路与"技术统治"进路展开的对话，而 STS 注重实效的这一根基为二者的沟通搭建了桥梁②。

有的学者认为不能走向和解，并且提出了 STS 终结论的观点。例如，伊万·伊里奇（Ivan llich）所提出的关于 STS 的终结论。伊里奇认为，STS 作为一种历史现象应当既有开端又有其终结，其开端发生于 20 世纪 60 年代，而其终结则是在 20 世纪 80 年代 90 年代初到来的。伊里奇承认 STS 教学计划在其初创时是重要的，但他认为到了 20 世纪 80 年代末，STS 教学计划将失去实用价值，STS 运动逐渐消亡。究其原因，伊里奇认为，作为 STS 的三角的科学、技术和社会以及它们之间的相互关系都发生了很大的变化。科学和技术已经变得没有分别，主张科学和技术有不同关系已经没有意义了。社会的作用现在也不大像是 STS 三角中的一个独立的成分而更像一个各种形态的技术—科学可以在其中作为应用程序发挥作用的操作系统。中国科学院研究生院李伯聪研究员对 STS 终结论提出了自己的看法。他认为，对于伊里奇的终结论，我们可以不以为然，但对于他所提出的具体的分析和观点却不应该置若罔闻。在某种意义上可以说，所谓 STS 的终结的观点并不是什么意义特别重大的问题，相反，此问题背后的关于两种 STS 的性质和关系的问题才是一个值得给予特别关注的问题③。

卡特克里夫对 STS 的知识与实践的理论核心构建提出了四个基

---

① ［美］希拉·贾撒诺夫、杰拉尔德·马克尔：《科学技术论手册》，盛晓明等译，北京理工大学出版社 2004 年版，第 13 页。

② 同上书，第 14 页。

③ 佚名：《新世纪的时代特征和 STS 研究》，《哲学动态》2001 年第 10 期，第 21 页。

本概念，即建构主义、与境主义、问题化和民主化策略①。本书对
STS 这两种传统的走向保持谨慎的乐观态度，在国际 STS 学界，对
STS 未来走向的探寻也成为 STS 元理论研究的一项课题，先后出现
了以下几种趋势。

一　STS 的本体论转向

STS 的本体论转向首先在 2008 年牛津大学 saïd 商学院的科学
与文明研究所的 STS 小组主办的"STS 本体论转向"的讨论会由史
蒂夫·伍尔伽提出。2008 年 8 月在鹿特丹举办的 EASST 会议上
"STS 的本体论转向"问题再次提出，并引起了与会者的广泛而深
入的讨论。

里普（Arie Rip）将经典的本体论问题表示为是什么和应该是
什么，表示为存在和成为某种存在的问题之间的关系。与传统本体
论研究不同，STS 的本体论转向它不属于纯哲学的思辨，而是基于
经验案例的跨学科思考，这种思考使自然的历史性又以一种全新的
面貌重现②。

本体论问题是 STS 学者和哲学家（科学哲学家与技术哲学家）
争论已久的问题。一般认为，对于科学知识进行研究的科学知识社
会学被视为 STS 的认识论研究，SSK 与后 SSK 的分裂造成了欧洲
STS 的认识论危机，具体表现为相对主义与基础主义的二难、描述
与规范的悖论。而拉图尔的行动者网络使得传统的理论优位走向实
践优位，为 STS 的本体论转向打开了通道，柯文分析道"行动者
网络的世界是由准客体、准主体和杂合体占据，传统上泾渭分明的
二元论解释在此瓦解，物质文化场所正是主客体的交汇点，也是科

---

①　Stephen H. Cutliffe, *Ideas, Machines, and Values: An Introduction to Science, Technology, and Society Studies*, Boston: Rowman& Littlefield Publishers, 2000, pp. 138 –
139.

②　柯文：《让历史重返自然——当代 STS 的本体论研究》，《自然辩证法研究》
2011 年第 5 期，第 79 页。

学实践得以发生的真实时空，实验室生活因而就成为当代 STS 本体论研究的起源①。这样，STS 的本体论问题就将科学知识的合法性问题转化为科学的实在论问题，从而保持了哲学与 STS 之间的张力。在此种意义上，STS 与其他三个传统问题的关系得以重新审视。

首先，STS 与哲学的关系。即关于科学的性质是知识还是实践。随着哲学家参与到这种争论中来，这两种观点出现融合的趋势，他们承认科学既是知识又是实践。尤其是当我们没有理解历史或者承认哲学家关于本体论的研究工作，提出新的争论是徒然的。"行动者网络理论"与"冲撞理论"关注像实在论与客观性之类的哲学主题，两者提倡一种经验研究来挑战二元论的哲学，倾向于从本体论的角度来理解科学实践。从本体论的角度来看，后 SSK 打破了诸如主体/客体、自然/社会之间的根本界线②。后人类主义的STS 去除了"人类社会"这一中心特征，也反对以"自然"为中心的做法，强调科学、技术、自然物、科学家、社会等全都不可分割地处在一个可见的动态异质性网络中。

在吴彤看来，科学实践哲学为 STS 提供了哲学解释的基础，他认为，首先，科学实践哲学比较彻底地批判了理论优位的传统，这使得关于科学实践活动的解释成为哲学关注的焦点，把颠倒的科学观再次颠倒了过来，科学实践哲学的科学观不仅为 STS 是否具有哲学维度的合法性奠定基础，而且为 STS 提供了一种合乎本性的哲学观和立场；其次，科学活动本身就是社会实践之一，社会不是科学之外之维，而就是科学研究的题中应有之物。这使得 STS 的社会维度自然成为科学哲学研究的自然维度；最后，地方性知识观的提出和论证，为 STS 的建构认识论和方法论找到具体深入分析的基础，

---

① 柯文：《让历史重返自然——当代 STS 的本体论研究》，《自然辩证法研究》2011 年第 5 期，第 80 页。

② 蔡仲、郑玮：《从"社会建构"到"科学实践"》，《科学技术与辩证法》2007年第 4 期，第 54—55 页。

也转换了问题、分析和阐释的重心①。这至少表明了科学哲学与 STS 从冲突走向对话的一种趋势。

其次，STS 与政策、政治学的关系。林齐认为转向本体论是一种社会认识论的哲学家在介入这些争论时的问题，超越或不参与政治争论的途径。玛瑞斯（Marres）提出了一种标准技术计划，旨在揭示客体在社会和政治生活中的作用。哲学家却指责 STS 的这种秘密标准，认为其放弃了所有认识科学、技术和社会过程的现代主义梦想的希望。但是，在这一领域，STS 出现使得世界有了很大的变化（虽然没有证据显示 STS 出现和世界变化之间的关系），这体现在三个有意义的方法上：科学的出现不断冲击着基督教的信奉者；科学日益市场化；技术科学的出现，相比较其他东西，科学更容易受到技术标准化的工具的影响。

再次，STS 与研究对象的关系，这反映了 STS 中人与物的关系问题。当代 STS 的本体论没有对客体的存在与消失做出理念论的解释，而是基于实验室的研究，考察科学对象是如何进入或消失在研究领域之中，研究科学仪器等物质因素在这一进入或消失过程中所起的作用。就客体的生成方式而言，当代 STS 的本体论研究主要体现在以下几方面：（1）自然显现；（2）物质实践中的建构；（3）认知实践中的建构②。《新 STS 手册》提出行动者与分析者的概念要对称对待。在 STS 研究者看来，不事先思考行动者是谁，他们会在哪出现等这些问题就"跟随行动者"是天真的。关于实践问题的看法不仅仅来源于行动者的告知，还应该来自阅读学术文献的判断。另外，行动者会坚持其信仰，这种信仰经过分析后是无法接受的（例如技术决定论），但是基于这种信仰，行动者是没有理由不

---

① 吴彤：《试论 S&TS 研究的哲学基础与研究策略——从科学实践哲学的视野看》，《全国科学技术学暨科学学理论与学科建设 2008 年联合年会清华大学论文集》，2008，第 12—14 页。

② 柯文：《让历史重返自然——当代 STS 的本体论研究》，《自然辩证法研究》2011 年第 5 期，第 80—81 页。

去采取这种行为的。本体论是学术思考的工具，行动者会有很多信仰，将途径归于目标，但不是在本体论意义上。

二　STS 的参与进路

参与进路是国际 STS 研究兴起的最新动态，STS 一方面显示了在相关领域巨大的凝聚力，越来越引起社会公众的关注，走向了实践转向的行动主义的纲领；另一方面，关于实践转向的迫切要求需要 STS 有一个整合的理论框架来指导，理论上的多元性也是导致目前 STS 发展争论较多的重要原因。近年来 STS 领域内一个重要的转向就是从描述的进路转向规范的进路，STS 研究不再囿于传统的学院式的哲学反思，而是转向对政治和实践的探索。最近 STS 研究一个重要的体现就是关注 STS 研究与政策的结合，强调 STS 的参与进路（Engagement）。

STS 的参与进路也是在 STS 本体论转向下的实践路径。所谓 STS 的参与进路，其基本观念是 STS 的研究者不再成为科学技术生产的观察者和批评者，而是要通过伦理和政策的手段参与到科学技术的社会过程中去，西斯蒙多在《科学技术论手册》的第三版中详细论述了这种参与纲领，并表达了"建立一种承认科学与技术在现代世界的中心地位的政治学"[①] 的迫切愿望。在西斯蒙多看来，参与进路是沟通高教会与低教会 STS 研究的可能路径。西斯蒙多主张两种进路联系为一个整体，由研究外在于社会的知识与技术转向研究知识社会与技术社会，把认识论与政治过程相融合，把科学带入民主。西斯蒙多指出科学研究与政策研究急需结合[②]。

参与进路是建构主义与行动主义相结合的产物。在吴永忠看

---

① Edward J Hackett, Olga Amsterdamska, Michael Lynch, Judy Wajcman, *The Handbook of Science and Technology Studies*, Cambridge: The MIT Press, 2007, p.26.

② 杨艳:《〈新科学技术论手册〉述评》,《自然辩证法研究》2008 年第 9 期, 第 101 页。

来，STS 研究的行动主义范式，指以行动主义科学技术观为核心，将科学技术置于广泛的物质实践和社会实践中加以分析和理解，既研究科学知识和以科学为基础的技术为人类社会发展提供的建设性机会，也研究科学技术发展对社会制度、政治制度和人类的幸福带来的挑战或威胁，揭示科学技术所具有的广泛的文化意义，推进 STS 学术事业和 STS 社会运动的有机结合。行动主义科学技术观把科学技术看作是人类的文化实践活动，看作是一种介入性的社会行动。科学技术不仅为我们的生活世界制造出更新更好的表象和人工物，还以深刻的复杂的方式改造着世界和我们自身①。因此，在参与进路的影响下，STS 研究的两个重要趋势就是：

第一，理论和实践研究的辩证统一。

STS 是集理论研究与实践研究于一体的一门学术领域，按照艾杰的解释，STS 理论与实践的主要区分，"是通过批判那种只强调规范和价值之解释性角色的'默顿学派'的功能主义；有关定量和引证方法的适用程度与范围的争论；持有学术和政策不同旨趣的群体之间的对立来区分的"②。

史蒂夫·福勒提出了后 STS 语境下的社会认识论研究框架试图整合 STS 的理论与实践研究，他认为，面对科学大战中索卡尔的愚弄，包括柯林斯、拉图尔以及唐娜·哈拉维的还击都是无力的，STS 学者承认了索卡尔的愚弄，这就给 STS 学者提出了索卡尔事件的另外一个问题，即 STS 是否能够"落实到行动"（Walk the Walk）还是仅仅是"坐而论道"（Talk the Talk），这个问题也触及了 STS 的理论与实践问题的核心。福勒认为社会认识论受来自科学的社会学研究和科学史的洞见的启发，关注的是实践的标准性的问

---

① 吴永忠：《国际 STS 研究范式的演化》，《自然辩证法研究》2009 年第 12 期，第 76 页。

② ［美］希拉·贾撒诺夫、杰拉尔德·马克尔：《科学技术论手册》，盛晓明等译，北京理工大学出版社 2004 年版，第 4—11 页。

题。旨在"克服在涉及科学应该是什么的标准的哲学观点与涉及科学实际上是什么的经验主义的社会学观点之间的那种两难困境。STS 最终产生了不同于描述性的知识社会学的规范性的科学社会学。实际上，按照马克思主义实践论的启示，关于STS 的理论与实践应当是一种辩证关系，即STS 的理论是从科学技术的经验事实和社会实践中来（当然，有些理论也可以从原有STS 理论中演绎而来），而实践是STS 理论的基础、指向和评判标准，而关于STS 的实践研究应当受到STS 理论研究的指导。STS 中的理论研究与实践研究是相互促进的，保持一种"实践—认识—再实践—再认识"的不断发展的过程，因此，应该保持STS 的理论研究与实践研究的辩证统一。

第二，规范和描述之间的适当张力。

如第四章中所论述的，在欧美STS 研究进路中，一个重要的不同就是规范与描述的不同解释策略，SSK 的多数从事者放弃了传统认识论的规范性的认识评价与理性功能，从而无法为自身寻找到一种认识评价的基准。正是在这一意义上，欧洲的STS 研究才被认为带有"描述性"的色彩。而批判性的STS 研究描述了一幅独特、新颖的科学图景，给出了一种"是"的标准，并且推动了科学知识社会学的转变，即价值上的差别足以排除关于事实的任何显而易见的公式，因此导致了一种规范性科学社会学的趋势①。而STS 的参与进路正是看到了欧美STS 的这种局限性，不仅保持传统认识论的规范性认识评价与介入的功能，同样也带有作为其思想理论来源的SSK 的理论"描述性"特征。

实际上，规范性离不开描述性。规范性的基本策略是解释、论证和建构，而STS 规范性的解释和论证既需要建立在对科学技术的真实的描述上，只有从内部了解科学技术的"黑箱"，才能从外部

---

① ［美］希拉·贾撒诺夫、杰拉尔德·马克尔：《科学技术论手册》，盛晓明等译，北京理工大学出版社 2004 年版，第 14 页。

的社会、伦理、政策层面对科学技术加以规范，这也是 STS 研究走向微观以及技术哲学的经验转向的基本要义，不存在完全没有描述的所谓规范性解释和论证。

描述也离不开规范。STS 的描述虽然面对的是科学知识与技术的不确定性和未定型，但同时也不可避免地带有研究者个人的价值和目标，STS 的描述不是研究纯粹的文本话语与修辞学游戏，而是要有所指向，蕴含价值的。因此，在 STS 研究中，纯粹的描述和过多的规范性都是不可取的，参与进路意在寻求一种描述与规范之间的合理张力。

三　社会—技术系统论

传统的技术决定论和社会建构论的争论在 STS 解释框架内都遇到了理论困境。其中，社会建构论受批评最多的是它的相对主义倾向，批评的问题集中于对于技术系统中社会建构的边界到底在何处，技术发展的内在动力在技术系统中的表现是什么。在新近的一些技术哲学与 STS 研究中，社会—技术系统论的观点逐渐成为 STS 研究的热点并受到学界的广泛关注。

社会—技术系统原本是组织发展研究中的一个基本概念，20 世纪 60 年代首先由伦敦的塔维斯托克研究所的艾瑞克·崔斯特（Eric Trist）和弗雷德·埃默里（Fred Emery）提出。这一术语最初用来解释现代社会结构与人类行为的复杂性的，在现代社会中，组织和人日益受到技术的影响，并打上了很深的技术烙印，社会也越来越成为技术化的社会，而社会—技术系统论最初就是研究社会和人的社会层面以及组织结构与发展的技术层面的。后来这一概念被冈特·罗波尔（Günter Ropohl）借用到技术的研究中来，在《技术系统论——一般技术论基础》中，罗波尔也全面阐述了技术系统论的思想，他用技术系统来强调人与机器的内部相互关系，把技术系统看作是描述和解释一般技术的理论工具[①]。罗波尔认为传

---

① Ropohl, "Philosophy of Sociotechnical System", *Techne*, No. 3, 1999, p. 59.

统的技术哲学研究的分野不是将关注投向技术的自然属性，就是投向技术的人文属性和社会属性。这表现为一方面，工程师忽视技术的社会层面，而社会科学家并不了解技术并且不愿意去了解技术人工物的物理属性，这造成了不是技术的决定论就是社会对技术的建构论。为了克服这种片面性，他提出用系统的模型来描述社会与技术现象，人与机器以及社会的技术化和技术的社会化①。

受罗波尔影响，越来越多的STS 学者也逐渐开始将学术旨趣转移到社会—技术系统中的研究上来。马尔滕·弗兰森（Maarten Franssen）和彼特·克罗斯（Peter Kroes）所理解的社会—技术系统是由一系列组分和要素组成的综合性系统。他们指出，组成社会—技术系统的要素不但包括了技术的物质层面、科学等要素还包括了公司、政府等社会实体，也包括了类似于制度、法律、规则等其他的抽象要素②。黛博拉·约翰逊（Deborah Johnson）和詹姆森·韦特莫尔（Jameson Wetmore）也认为，技术不应只仅仅理解为它的物质层面。技术的存在和意义的获得都不能离开人类活动，社会实践活动也不能离开技术的物质层面。因此，要理解技术日益渗透到我们的日常生活中来的方式，就必须要考察技术的物质层面与社会实践层面以及二者的相互关系。而社会—技术系统就是理解技术的物质层面和社会层面二者不可分割的一个重要工具③。因此，社会—技术系统一个显著的特征就是复杂性，不同的行动者以及由此带来的不确定性的共同作用形成了社会—技术系统的功能并促成社会—技术系统的发展。工程师、商人、政策制定者甚至是使用者，他们不仅仅建构技术人工物并赋予其意义和使用价值，他们也相应地建构了人所生存的社会中的框架和社会结构。因此，技术

①　Ropohl，"Philosophy of Sociotechnical System"，*Techne*，No. 3，1999，p. 66.

②　Jan Kyrre Berg Olsen，*A Companion to the Philosophy of Technology*，Willey：Blackwell，2009，p. 223.

③　Deborah Johnson，Jameson Wetmore，*Technology and Society Building our Sociotechnical Future*，Cambridge：MIT Press，2009，p. ⅷ.

系统本身不是无意义的，其蕴含的目的、价值和意含是理解其社会情境的重要途径。

社会—技术系统论与休斯技术系统论最大的区别就是价值的嵌入，在休斯那里是没有考虑技术系统选择的社会后果的，也就是说社会价值是排除在休斯的技术系统之外的。而在社会—技术系统看来，技术发展、技术进步以及技术使用都蕴含了人类的特定目的，这种目的或者是为了完成一项具体的任务，或者是为了达到特定的目标。人类将技术整合到由社会系统编织的"无缝之网"中就是为了特定的价值，并且处于发展这种价值考虑的。在整个技术发展过程中蕴含了各种各样的价值选择。技术设计和决策的过程中会遇到的风险决策的问题而需要不同的行动者之间的决策协商；技术的使用者可能会发现技术当中存在着工程师没有设计或者市场没有宣扬的那部分技术功能；政治家和决策者在极端复杂的经济和政治环境下进行技术决策；社会—技术系统中的文化标准包括了种族、阶层和代际之间诸多因素。但不管这种价值在社会—技术系统中如何体现，"只要承认技术是人和事的结合体，那么这就是社会—技术系统了"①。在社会—技术系统论者看来，社会—技术系统是影响着价值同时也被价值所影响着的，它们不仅建构着技术"事实"，还建构着社会以及通过价值决策来影响着社会。

社会—技术系统是把技术系统放在一个更为广阔的社会背景下考察，实际上是前两种技术系统论的批判与超越、承接与发展。社会—技术系统论反对传统技术系统论中的技术决定论和社会建构论思维，但又秉承了二者的合理成分。例如，社会建构论摒弃了技术决定论中对社会后果的分析，社会—技术系统论则将价值嵌入到社会—技术系统中来，但并没有陷入技术决定论的桎梏；技术决定论忽视了社会因素在技术系统演化中的作用，社会—技术系统论则将

① Deborah Johnson, Jameson Wetmore, *Technology and Society Building our Sociotechnical Future*, Cambridge：MIT Press，2009，p. xiv.

技术系统植入社会系统的"无缝之网"中，但同样没有落入建构论的窠臼。实际上，拉图尔（B. Latour）与卡隆（M. Callon）的行动者—网络模型、施瓦兹·考恩（Schwartz Cowan）的消费联接模型也是社会—技术系统的一种。

第七章　中国 STS 研究的历史与展望

第一节　中国 STS 研究的历史进程

中国 STS 研究自形成始，就在自然辩证法的母体内孕育并发展。一方面，作为一门学科领域来说，要考察自然哲学、科学哲学、技术哲学等专业问题，使其表现出理论基础性；另一方面；作为一项中国的特殊政治化事业，自然辩证法要为国家科技政策的制定、科技规划的形成肩负历史重任，从而使得研究表现出应用现实性，因此，科学技术与政治、经济、文化、法律、政策的关系探讨又被纳入其研究范围内，并随着时代的发展而形成研究主题的不断变化，最终形成一种无所不包的研究模式。正是由于这种理论与现实的双重必要性，使得自然辩证法研究呈现出百花齐放的繁荣态势。中国 STS 的发展历史一直是与自然辩证法的发展历程紧密相关的，通过对中国 STS 研究的历程回顾，我们可以将 STS 在中国的发展分为三个阶段。

一　本土中萌芽

第一阶段自 20 世纪 80 年代中期至 90 年代初，为 STS 的萌芽期，这时期以清华大学、北京大学、东北大学等学校设立科学技术与社会研究中心为代表，虽然还没有形成明确的 STS 名称与统一的学科范式，但在自然辩证法的名义下展开了对科学与社会、技术与社会相互关系的探讨，主要表现为科技政策的研究、科学学与技术

论。这一时期我国自然辩证法研究主要从马克思主义的立场、观点
出发对科学技术的发展规律问题进行研究，探讨科学技术如何向生
产力转化的问题。关于科学技术的人文社会科学研究以科学学、技
术论为思想来源。科学学主要受到默顿和贝尔纳的科学社会学思想
影响，后期引入库恩的历史主义思想。技术论主要受到日本的技术
论思想影响。总体来讲，与美国STS 的诞生期相比，中国的STS 诞
生的思潮是科技乐观主义。自20 世纪60 年代以来在欧美国家兴起
的生态运动是STS 在西方诞生的重要思想来源，而中国的科技与社
会研究则诞生在工业化建设时期，在20 世纪八九十年代，"科学
技术是第一生产力"的观念深入人心，人们普遍相信科学技术能
够极大增加人类福祉，技术乐观主义兴盛。因此STS 关注科学技术
与经济发展问题，较多研究科学技术向生产力的转化问题，较少从
生态学角度关注对科学技术的批判反思。随着中国工业化进程中生
态问题的凸显以及STS 研究论题域的深入，从国家层面的"可持
续发展"战略的提出到学者系统反思技术的生态伦理问题，技术
与生态伦理才作为STS 研究中的重点问题受到广泛关注。这是两国
STS 诞生背景的最重要的不同之一。相同之处是，二者都具有强烈
的实践指向。这一时期还没有形成以科学技术与社会相互关系为研
究对象的STS 研究。

二　引介中诞生

第二阶段从1992 年到20 世纪末，为STS 诞生和形成期。这一
时期的标志事件是1992 年中美STS 讲习所邀请美国STS 学者米切
姆、卡特克里夫等人来华讲学，正式将STS 作为一门学科介绍到中
国，并介绍了STS 的一些基础理论，如STS 的研究对象、美国STS
的发展等问题，我国学者也就STS 的基本理论问题以及STS 与中国
具体国情相结合的问题进行了深入的讨论，从而掀起了STS 在20
世纪90 年代的一个研究热潮。在这一阶段，中国的STS 开始走向
建制化，越来越多的高校与研究机构成立STS 研究中心，越来越多

的学者加入到对科学技术的人文社会科学研究中来，大批的国外
STS 著作被翻译引介到国内来，成立了全国性的学术组织并召开一
系列的学术会议。这一时期中国 STS 研究受美国的影响较大，注重
研究科学技术给社会带来的总体评价。把 STS 看作"科学技术与
社会"，以"科学技术与社会的相互关系"作为研究对象，STS 更
倾向于一种运动、一场实践。与此同时中国的科教兴国战略、可持
续发展的提出也为 STS 的研究提供了坚实的基础，中国学者也开始
反思科学技术对现代社会、经济、文化、生态等带来的负面影响。

三 争议中发展

第三阶段是 21 世纪以来，中国 STS 在争论中继续发展。这一
时期，受欧洲建构主义和 SSK 的影响，STS 侧重关于科学技术的人
文社会科学研究，表现为理论的多元化走向与研究领域的扩展。一
方面，科学技术学的研究是 STS 研究的理论部分，主要探讨社会中
的科学技术的生成，其基本观点是科学知识与技术等都是社会建构
的产物。大量的 STS 研究理论在这一时期被引介到国内，例如科学
知识社会（SSK）与后 SSK、实验室研究、科学技术的人类学研
究、文化研究、女性主义研究等。清华大学的曾国屏、李正风，河
海大学的丁长青，北京大学的科学传播研究小组，以及赵万里、李
三虎、安维复等是这一时期的代表，这一时期的 STS 的基本思想以
反科学实在论，强调认识论的相对主义、本体论的非基础主义、存
在论的反本质主义为主导，实际上是 STS 的认识论转向。在这一时
期，建构主义几乎成了 STS 的代名词，建构主义方法充斥着 STS 基
本理论的研究。当然，建构主义的 STS 研究也受到了来自各方的批
评，主要是科学家阵营和科学实在论者，代表事件是"科学大
战"、温纳的"打开黑箱—发现空无一物"等，都是对建构主义的
STS 研究的批评。很多强建构论者转向了温和建构论，例如西斯蒙
多等。另一方面，STS 的实践研究的领域进一步扩展，表现为极强
的交叉学科趋势，受技术哲学经验转向的影响，越来越多的学者不

再关注一般科学技术的社会影响问题，摒弃了对科学技术的乐观主
义或者悲观主义的总体评价，进而转向微观的、具体的技术的社会
评价，尤其是对新兴科学技术的伦理反思、风险评估、治理模式、
政策选择等研究。与工程哲学相关的工程伦理研究、工程社会学研
究也在这一时期成为 STS 实践研究的另一支重要力量。作为"欧
风美雨"产物的中国 STS 研究，在这一时期打上了欧洲与美国这
两种研究传统的烙印。虽然对于中国 STS 研究来说，国外 STS 研究
的理论引入和学派述评仍然是当前中国学者的主流，但思索如何在
中国具体实践情境下建构我国的 STS 研究的理论内涵应当引起
重视。

第二节　中国 STS 研究的现存问题

纵览中国 STS 研究十几年的发展，已经取得了令人注目的成
绩，STS 研究业已发生很大变化，越来越多的学者参与到了其中，
而且大量的青年学者对本领域的兴趣日渐浓厚。中国 STS 研究的建
制化也随着全国科技与社会专业委员会的成立，两年一次的中国科
技与社会研究会议的召开，一系列译著论著的出版和发表，已经渐
趋完善，STS 研究领域的研究者已经具有了一个合法的讲坛。但
是，中国 STS 研究还存在一些问题：长期以来，我国的 STS 研究学
派述评与理论介绍较多，直面中国 STS 现状研究较少；偏重对国外
STS 原著的"文本解读"，忽视对不同思想、流派的"比较研究"；
重视对国外 STS 理论的"基础研究"，忽视将国外 STS 与中国情境
相结合的"实践解读"；继承的多，原创性理论较少。理论研究的
深延性与应用研究的广泛性之间的不平衡导致我国 STS 发展进入困
境。这些问题具体体现在四大不平衡上：

一　理论与实践研究的不平衡
表现为南方重视科学技术学研究北方重视科技与社会的应用研

究。北京是 STS 传入中国的第一个阵地，以中国社会科学院、清华大学和北京大学为代表的众多研究机构秉承 STS 研究的实践特色，发展较早、较快；受工程技术哲学研究和技术哲学经验转向的影响，东北地区的 STS 研究也注重 STS 应用研究；南方地区的 STS 则是在 2000 年以后逐步兴起，受以欧洲传统为代表的科学知识社会学的影响较大，注重对 STS 基本理论问题的研究。

诚然，中国 STS 研究具有较强的包容性，就如于光远对自然辩证法研究的比喻一般，中国的 STS 研究也在十几年的发展性形成了"大口袋"模式，即凡是一切以科技与社会各要素相互影响、相互作用为研究对象的都可以纳入到 STS 研究中来。同时也反映出中国 STS 研究领域的多变性和交叉学科性，这些领域的研究都不同程度渗入了相近学科的内容，形成了边界极为模糊的 STS 研究领域。另外一个问题是，中国 STS 研究大多还限于对一般科学技术的社会影响的探讨，针对具体科学技术的文化、经济、政治、政策的研究较少，这也是我国当前 STS 应用研究的误区之一。

二 学术述评与引介的不平衡

长期以来，我们对国外研究动态述评较多，对国内问题为导向研究较少，目前中国 STS 研究仍处在学派述评和思想引介的阶段。科学知识社会学、后 SSK、文化人类学、实验室研究、文本话语研究、女性主义研究等方法陆续介绍到国内，但如何用 STS 的范式和方法来分析并解决中国实践，仍是学界需要努力的问题。

三 STS 教育与 STS 研究不平衡

我国学界对 STS 的研究比较积极，对 STS 教育的关注较少。STS 教育还没有引起我国学者的重视。STS 教育作为沟通科学文化和人文文化的桥梁，也是国外 STS 重要的思想起源，面对当前我国高等教育中科学和人文的断裂，尤其是理工科学生人文和社会科学素质的薄弱，STS 教育应当是寻求继自然辩证法课程改革后研究生思想素质教育的另一出路。

四　国内国际学术交流不平衡

我国 STS 研究邀请国外学者来华介绍欧美 STS 较多，走出去向国外传播中国 STS 研究成果较少。随着 STS 研究的国际化以及 4S 年会向亚太地区倾斜，STS 更加关注地方性的科学技术实践，中国作为科学技术发展的大国，有着广泛的科学技术基础并衍生出丰富的 STS 思想，应当积极传播中国 STS 的研究成果。

应当说，自 STS 在中国诞生以来，一直延续着学派述评和思想引介的研究道路，经过几十年的努力，我国 STS 研究较为全面的追踪了国际 STS 研究的主要研究方法和理论，初步构建起了 STS 研究的理论图景。但受自然辩证法"大口袋"研究范式的影响，STS 一方面要走"形而上"式的理论研究，为 STS 寻找合法性哲学根基；同时又要拓宽实践研究领域，使其在当代社会实践中保证学科的生命力。因此，在寻求未来我国 STS 研究的发展之路的过程中，我们将 STS 中国化的问题提出来。指出在中国的科学技术实践场域中 STS 如何发生于中国风土，成型于中国语境，并且最终形成具有中国实践指向的 STS 是当前我国 STS 研究的一个重要课题。

第三节　STS 中国化的路径选择

以 1992 年为标志，STS 在中国的发展实际上经过了两个时期，1992 年以前，虽然没有明确的 STS 的定义和称谓，中国的学者一直在自然辩证法名义下研究科学、技术与社会之间的互动关系。1992 年之后，西方学者将 STS 引入中国，并介绍了 STS 的概念及一些基本理论，中国学者也开始反思 STS 与中国特殊国情相结合的问题，例如陈昌曙就很早的指出，中国的 STS 研究应当重视这两个方面，尤其要注意结合当今中国的国情。这不仅是指把 STS 发展的一般原则运用于我国的具体实践，而且还要从我国的国情引出需要探讨的新课题①。

我们认为，所谓 STS 的中国化就是以中国本土的科学技术实践为基础，并借鉴西方 STS、科学知识社会学等学科的基本理论体系，进而寻找西方 STS 理论扎根于中国特殊的文化和哲学的结合点，并对中国科学技术实践的事实和经验加以经验研究或实证分析，从而推导出我国科学技术与社会互动的基本模式与规律，并创立具有中国实践特色的 STS 理论体系，以指导我国科学技术实践，推进我国科学技术与社会以及社会各要素的互动作用开展的过程。STS 中国化的实质上就是：（1）学习借鉴国外的 STS 理论，分析、解决中国的 STS 问题；（2）产生创造中国的 STS 理论，分析、解决中国的 STS 问题；（3）通过分析、解决中国的 STS 问题，能够检验、修改、补充、发展 STS 理论和方法，丰富国际 STS 理论体系。在这个过程中应该处理好三个基本关系：

（一）STS 的全球性和地方性的关系

STS 的全球性指的是在经济、政治、科技日渐全球化的背景下，需要普适性的原理来分析、解决科学技术发展的实践问题。正如陈昌曙教授指出，STS 是一个大系统，它不单纯是 S（科学）、T（技术）或 S（社会）。但如果分别地看，第一个 S（这里指自然科学）有很明显的国际性。这就是我们通常所说的科学无国界，科学原理的普遍性、通用性，科学成果的非阶级性等②。对于技术而言除了具有全球性的特点，同时它也具有地方性的特征。所谓技术的地方性就是指在技术发展过程中，由于在经济发展和文化传统、地理环境等方面的差异，使一个地区在技术体系方面有别于其他地区的特性。我们曾在 2001 年"第 12 届技术哲学国际会议"（University of Aberdeen，Aberdeen，Scotland，July 9 – 11，2001）提交

---

① 陈昌曙：《STS 研究与中国国情问题》，《自然辩证法研究》1992 年（增刊），第 86 页。

② 同上书，第 88 页。

的论文"论技术、时间、文化的全球性与地方民族性"指出了这一点①。目前在 STS 研究领域，受文化研究与人类学、民族志研究的启示，科学技术的地方性研究已经得到学者的普遍关注。学者普遍认为，科学与技术已经不再是具有普遍性和确定性的特征，任何科学与技术都要依赖具体的社会政治的、经济的、文化等情境的建构，这具体表现在科学哲学中语境论和技术哲学中社会建构论的兴起。

地方性 STS 研究的兴起可以看作是对欧美主流 STS 文化的克服，包括亚太 STS 的兴起，东亚 STS 的兴起。日本学者已经注意到了欧美 STS 研究传统的不同以及对东亚 STS 研究的启示，例如东京工业大学的中岛秀人（Hideto Nakajima）指出，不管是美国传统还是欧洲传统的 STS 都有各自的优点和缺点，对于东亚 STS 的发展来说要各取其精华。欧洲 STS 的优点是对日常生活中的科学问题的强烈关注，美国 STS 的优点是基于范式的科学中立主义②。在 STS 中国化过程中，STS 全球性和地方性的关系问题是研究中国 STS 的深层次问题，承认 STS 具有全球性和地方性的双重特征是研究 STS 中国化的理论前提。只强调地方性，而不强调全球性，势必影响国际学术界的共识与沟通；只强调全球性，而不强调地方性，将使中国 STS 研究失去特色和地位。

（二）STS 的理论研究与应用研究的关系

众所周知，STS 主要起源于两个不同的知识开端，一种是伴随着美国 20 世纪 60 年代兴起的一系列激进运动而衍生的。这种开端的 STS 所关注的是由现代科学技术发展所带来的诸如环境恶化，文

---

① CHEN Fan. "On Technology, Time, Culture's Globalization and Local Nationality", Twelfth Biennial International Conference of the Society for Philosophy and Technology, *Nature and Technology*, University of Aberdeen, Aberdeen, Scotland, July 9 – 11, 2001. 见《工程、技术、哲学——2001 年技术哲学研究年鉴》，大连理工大学出版社 2002 年 2 月版。

② Hideto Nakajima, "Differences in East Asian STS: European Origin or American Origin?" *East Asian Science, Technology and Society: An International Journal*, No. 2, 2007, pp. 239 – 240.

化的后现代主义，以及权力的集中化和个人自主的丧失等科学技术
的社会、经济、文化和政治的广泛影响，他们看到了社会拼命追求
科学技术的后果：科学驱动出另一种思想，而技术驱动出其他生活
方式①。这实际上是从科学技术对社会产生的影响尤其是负面影响
的人文主义反思的角度来理解 STS。另一种是库恩对科学的哲学理
解的实在论和历史的讨论中诞生的科学知识社会学进路。他们集中
关注科学技术知识本身成问题的性质，并且断定这些是人类的话语
（discourse），它们像其他东西一样，都是由文化价值、集团谈判以
及意见一致过程和"可以避免的"选择形成的。他们断言，对于
科学技术成果来说，没有任何特殊的东西，它们都是社会过程的产
物。这实际上是对科学技术社会生成的解释学研究②。正是这两种
不同的开端也导致了 STS 研究的两种不同传统，一种是侧重理论导
向的科学技术学（Science and Technology Studies）；一种是侧重应
用导向的科学技术与社会研究（Science，Technology and Society）。
这两种传统的分立已经成为当前 STS 研究中的主要问题之一。并且
这两种传统的分立在我国也有折射。

在应用领域的 STS 研究中，随着向实践领域的不断拓展，STS
越来越表现了交叉学科趋势。STS 学者逐渐摒弃了对科学技术的乐
观主义或者悲观主义的总体评价，从对一般科学技术的社会影响问
题的研究转向了微观的、具体的技术的社会评价，尤其是对新兴科
学技术的伦理反思、风险评估、治理模式、政策选择等研究。虽然
国外 STS 研究的理论研究仍然是当前的主流，但如何在中国具体实
践情境下建构我国的 STS 研究的理论框架已经引起学者们的关注。
对于我国 STS 研究来说，坚持理论研究才能保持 STS 的学术生命
力，坚持应用研究才能保证 STS 的前途。

---

① ［美］奥利卡·舍格斯特尔：《超越科学大战——科学与社会关系中迷失了的话
语》，黄颖、赵玉桥译，中国人民大学出版社 2006 年版，第 56 页。

② Leonard Waks，"STS as an Academic Field and a Social Movement"，*Science, Technology and Society*，Working Paper，No. 3. 1994，pp. 44 – 53.

（三）STS 研究的学派述评和问题导向的关系

从国际 STS 研究动态来看，问题导向是 STS 研究的趋势。加里·鲍登（Gary Bowden）指出，"STS 的大多数研究采用的都是着眼于论题的方法，研究者运用自己特定学科的方法和技术来考察科学或技术的某些方面"①。从中国 STS 研究动态来看，中国学者在学派述评和思想引介的道路上已经探索了 30 多年，大量的 STS 研究理论已经被引介到国内，例如科学知识社会学（SSK）与后SSK、实验室研究、科学技术的人类学研究、文化研究、女性主义研究等。较为全面的追踪了国际 STS 研究的主要研究方法和理论，初步构建起了 STS 研究的理论图景。而对于如何运用已有的 STS 理论成果与中国的科学技术实践相结合，则是今后中国 STS 学者需要进一步努力的工作。

从诞生的时代和历史语境来看，STS 是伴随着西方后现代思潮出现的一种对科学、技术与社会关系进行系统反思的学术领域。从其诞生至今的 50 多年间，理论研究的 STS 在西方经历了从科学的实在论到语境论、从科学的社会学到科学知识的社会学再到后SSK、从技术决定论到社会建构论；应用研究的 STS 也从最初的单向的反技术运动和生态运动转向注重对科学技术的伦理研究、对科技政策的研究和高等教育实践领域工程教育的历程转变。尽管 STS研究进路种种，论争纷繁复杂，但都是在西方的社会文化语境下产生、发展、演化的。

一　理论研究带动实践研究

众所周知，STS 主要起源于两个不同的知识开端，正如奥利卡·舍格斯特尔所指出的，STS 是"源自于几种决不能完全结合的开端"。这两种开端，一种是伴随着美国 60 年代兴起的一系列激

---

① Leonard Waks, "STS as an Academic Field and a Social Movement", *Science*, *Technology and Society*, Working Paper, No. 3. 1994, pp. 44 – 53.

进运动而衍生的。这种开端的 STS 所关注的是由现代科学技术发展所带来的诸如环境恶化，文化的后现代主义，以及权力的集中化和个人自主的丧失等科学技术的社会、经济、文化和政治的广泛影响，他们看到了社会拼命追求科学技术的后果：科学驱动出另一种思想，而技术驱动出其他生活方式①。这实际上是从科学技术对社会产生的影响尤其是负面影响的人文主义反思的角度来理解 STS。另一种是库恩对科学的哲学理解的实在论和历史的讨论中诞生的科学知识社会学进路。他们集中关注科学技术知识本身成问题的性质，并且断定这些是人类的话语，它们像其他东西一样，都是由文化价值、集团谈判以及意见一致过程和"可以避免的"选择形成的。他们断言，对于科学技术成果来说，没有任何特殊的东西，它们都是社会过程的产物。这实际上是对科学技术社会生成的解释学研究②。正是这两种不同的开端也导致了 STS 研究的两种不同传统，一种是侧重理论导向的科学技术学（Science and Technology Studies），一种是侧重应用导向的科学技术与社会研究（Science, Technology and Society）。这两种传统的分立已经成为当前 STS 研究中的主要问题之一。并且这两种传统的分立在我国也有折射。

在应用领域的 STS 研究中，随着向实践领域的不断拓展，STS 越来越表现了交叉学科趋势。学者从对一般科学技术的社会影响问题转向了微观的、具体的技术的社会评价，摒弃了对科学技术的乐观主义或者悲观主义的总体评价，尤其是对新兴科学技术的伦理反思、风险评估、治理模式、政策选择等研究。虽然国外 STS 研究的理论述评仍然是当前的主流，但如何在中国具体实践情境下建构我国的 STS 研究的理论框架已经引起学者们的关注。对于我国 STS 研究来说，坚持理论研究，才能保持 STS 的学术生命力，坚持应用研

---

① ［美］奥利卡·舍格斯特尔：《超越科学大战——科学与社会关系中迷失了的话语》，黄颖、赵玉桥译，中国人民大学出版社 2006 年版，第 56 页。

② Leonard Waks, "STS as an Academic Field and a Social Movement", *Science, Technology and Society*, Working Paper, No. 3. 1994, pp. 44 - 53.

究才能保证 STS 的前途。

二 从宏观研究走向微观研究

受科学知识社会学的技术转向和技术哲学的经验转向双重影响下，国际 STS 研究逐渐摆脱了对科技与社会关系的宏大叙事的研究方法，摒弃了对科学技术的外部审视，致力于打开科学技术的"黑箱"，注重考察具体的科学技术的社会过程以及产生的社会影响。通过进入实验室内部考察科学知识生产的具体过程，通过文本话语分析解释科学知识的表达过程，通过 STS 的参与进路寻求科学知识的稳定性；关于技术的研究也经历了从抽象思辨到经验分析的范式转换，更加注重新兴会聚的技术对人类社会产生的影响；在工程研究当中，更加注重了关于微观个案考察的工程技术案例研究，工程技术道德、工程技术责任伦理研究也经历了从个体伦理学向公共伦理学和制度伦理学的转向，工程设计、工程伦理、工程本体论研究、工程认识论、工程方法论、工程价值论研究、工程教育、工程设计、工程知识研究等也应陆续展开。

三 由学派述评转向问题导向

中国 STS 诞生之前，在自然辩证法研究领域内的中国科学技术与社会的研究就十分注重理论与现实的结合。早在 20 世纪 80 年代，就有东北大学陈昌曙教授为代表的"东北学派"关于工程技术实践的研究，关于科技政策的研究等等，因此凡有国家重大科技方针出台之时，都得到中国 STS 研究的强烈关注。毋宁说，中国 STS 研究从发轫就秉承了以问题为导向的应用研究。因此，以问题为导向的 STS 研究，既符合国外 STS 研究的实践特色也符合中国 STS 研究的学派传统。

从国际 STS 研究动态来看，问题导向也是 STS 研究的研究趋势。加里·鲍登（Gary Bowden）指出，"STS 的大多数研究采用的都是着眼于论题的方法，研究者运用自己特定学科的方法和技术来考察科学或技术的某些方面"①。从中国 STS 研究动态来看，中国学者在学派述评和思想引介的道路上已经探索了 10 年，大量的 STS 研究理论已经被引介到国内，例如科学知识社会学（SSK）与后 SSK、实验室研究、科学技术的人类学研究、文化研究、女性主义研究等。较为全面的追踪了国际 STS 研究的主要研究方法和理论，初步构建起了 STS 研究的理论图景。而对于如何运用已有的理论成果与中国的科学技术实践相结合，则是未来中国 STS 学者需要进一步努力的工作。

四　坚持全球性和地方性的统一

STS 的全球性指的是在经济、政治、科技日渐全球化的背景下，需要普适性的原理来分析、解决科学技术发展的实践问题。正如陈昌曙指出，STS 是一个大系统，它不单纯是 S、T 或 S。但如果分别地看，第一个 S（这里指自然科学）有很明显的国际性。这就是我们通常所说的科学无国界，科学原理的普遍性、通用性，科学成果的非阶级性等②。对于技术而言除了具有全球性的特点，同时它也具有地方性的特征。所谓技术的地方性就是指在技术发展过程中，由于不同在经济发展和文化传统、地理环境等方面的差异，使一个地区在技术和技术体系方面有别于其他地区的特性。在 STS 研究领域，受文化研究与人类学、民族志研究的启示，科学技术的地方性研究已经得到了学者的重视。他们认为，科学与技术已经不再是具有普遍性和确定性的特征，任何科学与技术都要依赖具体的社会政治的、经济的、文化等情境的建构，这具体表现在科学哲学中语境论的兴起和技术哲学中社会建构论的兴起。

---

① ［美］希拉·贾撒诺夫，杰拉尔德·马克尔：《科学技术论手册》，盛晓明等译，北京理工大学出版社 2004 年版，第 52 页。

② 陈昌曙：《STS 研究与中国国情问题》，《自然辩证法研究》，1992 年（增刊），第 88 页。

地方性STS研究的兴起可以看作是对欧美主流STS文化的克服，包括亚太STS的兴起，东亚STS的兴起。日本学者已经注意到了欧美STS研究传统的不同以及对东亚STS研究的启示，例如中岛秀人（Hideto Nakajima）指出，不管是美国传统还是欧洲传统的STS都有各自的优点和缺点，对于东亚STS的发展来说要各取其精华。欧洲STS的优点是对日常生活中的科学问题的强烈关注，美国STS的优点是基于范式的科学中立主义①。在STS中国化过程中，STS全球性和地方性的关系问题是研究中国STS的深层次问题，承认STS具有全球性和地方性的双重特征是研究STS中国化的理论前提。只强调地方性，而不强调全球性，势必影响国际交流和了解；只强调全球性，而不强调本地方性，将使中国STS研究失去特色。

第四节　构建中国语境的STS研究

如前所述，从STS在中国诞生以来，中国的STS学者实际上就已经开始了STS中国化的道路，例如中国社会科学院的殷登祥教授、东北大学陈昌曙教授、陈凡教授等对"STS的基本理论问题"、"STS与中国国情"和"技术的社会化"等问题的探讨，并取得了一定的成果。李三虎教授的《重申传统——一种整体论的比较技术哲学研究》也被看作是走向一种中国本土化的技术哲学整体论研究②。王汉林的博士论文《技术的社会型塑——镇江香醋酿制技术变迁的社会学考察》以SST的理论和视角解读中国传统技术，并检视了SST理论，也是STS中国化的一种尝试。

当代社会学进路的STS研究中，赵万里认为，应用最多也是最为成熟的理论主要有两个，一个是属于实证主义社会学的传统的结

---

① 盛国荣：《走向一种中国本土化的技术哲学整体论？——读〈重申传统〉一书》，《探求》2010年第5期，第76页。

② 冯平：《面向中国问题的哲学》，《中国社会科学》2006年第6期，第45页。

构功能论；一个是反实证主义社会学传统的社会建构论，特别是现象学社会学。从传统的实证主义社会学出发，容易导致科学技术的决定论，从社会建构论出发，容易导致社会对科学技术的决定论或者极端的相对主义。这种单向决定论的研究模式已经被双向周延影响的研究所取代，对于我国 STS 研究来说，如何走出技术决定论与社会建构论之争，构建中国语境下的本土化 STS 研究，是我国 STS 研究的一个重要课题。

一　立足于中国实践情境

STS 的中国化的首要任务是澄清中国语境，中国科学技术发展的实践情境是中国 STS 研究的母体。中国实践情境是在全球化状态下不断发展的中国语境，全球化既是科学技术逻辑的普遍化，又是在这种普遍化的条件下结合了不同地域和文化的特殊化，这是科学技术发展的后殖民语境的显著特点。面对这样的时代语境，如何坚持中国语境的 STS 的本土化，对于像中国这样的科技发展的后发国家，具有显著意义。

二　坚持马克思主义传统

注意挖掘发展中的马克思的 STS 思想，坚持用马克思主义的基本原理指导 STS 研究，这是中国 STS 研究不同于西方 STS 研究的一个显著特征。总体来讲西方的 STS 研究有建构主义传统、实用主义传统、文化人类学传统、现象学传统、分析哲学传统等等。我们要在坚持马克思主义传统基础上借鉴吸收西方优秀的 STS 思想的合理成分。

坚持马克思主义传统的 STS，一个是要注重研究马恩著作中的 STS 思想；另一个是要坚持用马克思主义的思想、原理来指导我国科学技术与社会互动的研究。马克思恩格斯哲学有浓厚的辩证法色彩，其辩证唯物主义和历史唯物主义思想对于探讨科学技术与社会，形成社会技术的整体论视角有重要的指导意义。

三　植根于中国文化土壤

西方哲学的传统是以心物二元论为基础的自然哲学，宗教哲学关注的是超越的彼岸世界，而中国的哲学文化传统则是面向人的现实世界，面向的是注重家庭伦理的人伦观和注重天人合一的自然观。中国传统哲学文化不仅内含着求"真"、求"知"的意向或因素，而且它更具有求"善"的取向。以儒道为基调的中国传统哲学文化自然观的根本特点之一，就是倡导"道法自然""天人合一"的理念。当然，丰富的中国传统哲学资源并不是直接"上手"的，它需要创造性的转化。这就更要求当代中国的 STS 研究，只有深刻把握中国传统哲学文化尊重自然和求真向善的精神，才能真正做到"古为今用"。

四　聚焦于中国问题导向

所谓"中国问题"，是指困扰当今中国人生活和中国社会发展的重大难题①。作为 STS 与技术哲学研究的"中国问题"，是指与当下中国科学技术发展难题直接相关的最根本的价值观念和思维方式。因此，所谓"聚焦于中国问题的 STS"，所表达的是这样一种信念：中国 STS 研究的研究旨趣应当是改善和提高中国科学技术的水平、促进中国的科学技术与社会的和谐发展；中国 STS 研究的主要课题应当是以促进中国人生活和中国社会发展的最根本的价值观念和思维方式为主要目的。

坚持中国语境的 STS 的应用研究，不仅要借鉴西方 STS 研究理论与产生中国 STS 研究理论，从根本上还要聚焦于中国问题的 STS 研究，从这一方面来说，未来中国问题的 STS 研究应当展开以下几

---

①　Hideto Nakajima, "Differences in East Asian STS: European Origin or American Origin?" *East Asian Science, Technology and Society: An International Journal*, No. 2, 2007, pp. 239 – 240.

个方面的研究：基于基础科学的原始创新问题，面向企业的技术创新问题，基于技术发展的生态伦理问题和工程活动中的技术风险问题等。

第八章　STS 中国化的理论路径
——技术的社会整合论

技术社会建构论作为技术社会学的重要潮流，是近年来在欧美国家兴起的"一种新的技术研究的范式"①，引起了学界广泛的重视和讨论。技术的社会建构论把技术看作是由社会因素建构的，通过界定技术的人类、非人类的参与者，把他们共同视为社会建构的行动者，取消了传统技术观的"主—客"二元对立，实际上打开了"技术黑箱"。然而，技术的社会建构论在其相对主义的方法论、单方面强调社会对技术的建构并导致社会决定论等方面也受到了广泛的批评。我们认为，技术的社会整合论的提出有利于突破这一诘难，技术的社会整合论不但强调社会对技术的建构作用，还认为技术在一定程度、范围内保持相对自主性，社会也要在制度、政策、思想意识等方面通过对自身的调适来适应技术的发展，保持技术与社会的双向互动的整合关系。技术的社会整合论不但要"打开黑箱"，还要"走出黑箱"，寻求技术与社会之间的新的逻辑关系。

第一节　"社会整合论"的理论溯源

一　赫伯特·斯宾塞的社会进化论整合观

"整合"在其概念提出之时，并非是个社会学概念。"'整合'

---

① 邢怀滨：《社会建构论的技术观》，东北大学出版社 2005 年版，摘要。

（Integration）一词，可能最早出自生物进化论者的著述"①。众所周知，达尔文作为生物进化论者的先驱之一，提出了有名的"优胜劣汰、适者生存"理论，这一带有着"整合"意味的术语，不止在自然科学界引起轩然大波，还给人文科学，尤其是社会学、人类学和历史学带来了冲击。由此，英国学者赫伯特·斯宾塞将生物进化论应用于社会学方面，提出了社会意义上的"优胜劣汰"，他的一系列学说也被称为"社会达尔文主义"，斯宾塞也从此以"社会达尔文主义之父"著称于世。

除了达尔文之外，斯宾塞的社会进化论思想还受到了拉马克和孔德的影响。拉马克提出生物进化论在达尔文之前，是第一个系统提出生物进化思想的学者。拉马克认为，环境因素是生物进化的外部原因，生物对环境的适应是进化的内部原因。孔德是法国著名的社会学者，是实证主义社会学的先驱。"在孔德看来社会的进化就是社会的进步，……认为生物个体和社会个体都包含着若干个担负不同职能的组织机构，这些机构相互依存、相互联接构成了一个系统的有机整体"②。斯宾塞一定程度上接受了孔德社会进化的一些观点，但斯宾塞的思想更为全面。而且，不同于孔德将理性作为社会进化和发展的主要驱动力，斯宾塞认为社会的进化的动力是"物竞天择、适者生存"的生物进化规则。此外，斯宾塞的社会进化思想还体现于，他认为进化无论是在生物领域还是在社会领域，都是有章可循的普遍性规律，而从整体上看，人类社会也一直处于不断地变迁、发展和进化之中，不断淘汰蒙昧和落后，最终必然进入文明时代。斯宾塞的社会进化思想还有一些较为具体的方面，受篇幅所限，笔者就不再赘述。那么，可以认为，在斯宾塞社会进化思想中，所体现的整合观念在于，社会各系统一直处于动态的牵制

---

① 张翼：《社会整合与文化整合——社会学者的"整合"观》，《兰州商学院学报》1994 年第 1 期，第 62 页。

② 任丰田：《斯宾塞社会进化论思想述评》，《重庆科技学院学报》（社会科学版）2010 年第 9 期，第 32—33 页。

和调和中，在普遍规律的影响下不断整合发展。"斯宾塞所说的'整合'，至少包含以下两层涵义：第一，它指的是社会结构的各个部分之间的相互依赖性。第二，它指的是对这些社会结构各个部分的协调和控制"①。

二　埃米尔·涂尔干的道德社会整合理论

自"整合论"从生物学走向社会学之后，"整合论"就成为社会学中的一个重要组成部分，不断有社会学者有意无意地在著作中以整合的思想分析和论述社会。法国社会学者埃米尔·涂尔干（Emile Durkheim）就是其中一位，甚至有人认为，社会整合这一概念本身就是涂尔干首先使用。"社会整合（Social Integration）最早是由法国社会学家涂尔干提出来的，是指社会不同的要素、部分结合为一个统一、协调整体的过程及结果"②。涂尔干还与卡尔·马克思、马克斯·韦伯共同被称为社会学三大奠基人。

道德是涂尔干的社会整合理论中的核心概念，"社会整合本身是一种整体上的道德现象"③。涂尔干还认为，"道德的社会功能是实现社会的整合与稳定"④。道德产生于人们的社会生活和社会关系中，并以其规范性约束和维系着社会的整合与稳定。此外，涂尔干还提出了以共同道德、信念和精神为支撑的"法人团体"概念，"'法人团体'就是那些共同从事生产并进行沟通的人们所组织起来的独立的职业群体"⑤。"法人团体"的社会整合功能在于，作为中介调和与社会的关系，为群体自身进行利益诉求，以群体内的共

---

① 任丰田：《斯宾塞社会进化论思想述评》，《重庆科技学院学报》（社会科学版）2010 年第 9 期，第 32—33 页。

② 袁泽民、莫瑞丽：《"社会整合"的类型及建构——对涂尔干的"社会整合"思想的解读》，《理论界》2008 年第 5 期，第 185 页。

③ 同上。

④ 崔建明：《杜尔凯姆的道德社会整合论》，《学术月刊》1996 年第 5 期，第 39 页。

⑤ 李鸿：《涂尔干"法人团体"社会整合观分析》，《社会科学战线》2008 年第 9 期，第 260 页。

同道德伦理影响社会价值体系。涂尔干把社会整合划分为两种类型，即机械整合和有机整合。机械整合是在落后或不发达的社会中进行的整合。在不发达社会中，人与人之间、组织与组织之间具有较大的相似性，这种相似性靠集体意识来维持，一旦有人打破其与他人的相似性，就会受到社会的破坏式的惩罚。有机整合是在生产力有了一定发展之后的社会中进行的整合。在生产力相对较高的社会，个人和群体有了社会分工，而社会分工的复杂程度也和生产力的高低成正比。社会分工使得人与人之间、组织与组织之间存在差异性和独立性，以及相互的依赖性。差异性和独立性一方面受到社会分工的制约；另一方面也使越轨行为得以产生。一旦发生越轨行为，越轨者往往会受到制裁，被迫返回越轨之前的状态。

三　塔尔科特·帕森斯的社会功能主义整合观

塔尔科特·帕森斯（Talcott Parsons）是美国著名的社会学者，是结构功能主义社会学的代表人物，被誉为现代社会学的奠基人。帕森斯创立了建构宏大的结构功能主义社会学理论，一度在西方社会学中占据了主导地位。

帕森斯认为，社会是由相关关联、相互影响的各组成部分所构成的一个整体。"结构功能主义的核心概念是系统。"[①] 为了能够生存和维持，结构功能主义所言的系统必须具备四种功能，即适应功能（Adaption）、目标实现功能（Goal attainment）、整合功能（Integration）、模式维持功能（Latency pattern maintenance）。以每种功能的英文首字母连结起来，这一分析方法又被称为 AGIL 分析框架。其中，适应功能是指系统适应环境的能力，目标实现功能是指系统通过对环境中资源的采取和调用以便于实现自身目标的能力，整合功能是指系统通过各种手段统筹系统各部分以便于促进整体的

---

① 张翼：《社会整合与文化整合——社会学者的"整合"观》，《兰州商学院学报》1994 年第 1 期，第 65 页。

稳定与协调，模式维持功能指的是系统维持现有模式、使各部分都能遵守现有秩序的能力。根据 AGIL 分析框架，在高级的系统中，固定地执行某项功能的部分也被称为系统的功能子系统。即行为有机体（经济组织）和适应功能相对应，人格系统（政治体制）和目标实现功能相对应，文化系统（家庭、宗教和教育系统）和整合功能相对应，社会系统（法律和社会控制系统）和模式维持功能相对应。据此可知，帕森斯的社会整合观包含着以下几层内容："第一，社会是均衡发展的系统，这个系统应具有适应、目标实现、整合和维持模式的功能。第二，社会系统的整合状态实际上是一种和谐或协调的状态，个人的行为由于受到社会对人格和文化的整合而达到了一致。第三，一个整合完好的社会系统的各子系统之间存在着对流式交换的边界关系，并由此推动结构分化和社会变迁"①。

笔者仅对"整合论"理论溯源中的上述三个重要人物进行描述，而其他诸如索罗金的"文化周期循环"社会整合观、马凌诺夫斯基的结构功能社会整合观等，都是对社会整合论的发展，但不在此单独列出。总之，自斯宾塞从生物进化论中引入"整合"概念，又在一批社会学家、文化人类学家的阐发下，社会整合论逐渐成为一种重要的社会研究理论和研究方法。

第二节　技术社会整合的基本定义

从字面意思上讲，社会整合就是对社会的一种调试机制，是对社会的一种建构。"社会整合在社会中指的是调整或协调社会中不同因素的矛盾、冲突和纠葛，使之成为统一体系的过程"②。具体

---

① 张翼：《社会整合与文化整合——社会学者的"整合"观》，《兰州商学院学报》1994 年第 1 期，第 66 页。

② 杨善民：《传播在社会整合中的作用探析》，《文史哲》1998 年第 1 期，第 96 页。

来看，可以从两个方面来理解社会整合。首先是从目的层面的理解，社会整合是社会中的各要素、各系统和各行为主体充分发挥能动性，互相依赖和共存，通过不断地调节社会问题而促进社会一体化，维护社会稳定。其次是从过程层面的理解，社会整合就是一种从矛盾到和谐、从混乱到稳定、从偏差到均衡的社会过程和社会状态。总之，社会整合以利益为驱动，以整个社会的价值最大化为目标，既涵盖社会各子系统之间的动态调节，也包括每个子系统之中各社会要素的动态耦合。社会整合并非一成不变，其在整合的过程中，整合的方式、目标和效果也在不断发生变化，以适应和满足新环境的需要。所以说，社会整合既是出发点，也是一种动态过程，也是一种即时的结果。社会不断吸纳着整合的结果，也一直处于新的整合之中。

单就社会整合来说，其主要有三个功能。一是团结和凝聚社会系统和社会要素。这一功能表现为，化解社会各子系统之间以及子系统的各要素之间的矛盾，使人与人、组织与组织保持行为一致和目标一致，为集体意识和集体信仰服务。"社会整合总是在不同的机制下，偶然或蓄意地影响公共政策在不同社会群体中的运行"①。二是规范和纠正社会中的越轨行为。其中包括，"约束社会成员的违法行为和不道德行为，使其按照社会普遍的制度性规范和非制度性规范活动；控制社会利益主体，包括个体之间、区域之间以及阶级阶层之间的利益冲突；规范不同文化模式之间的互动关系，防止文化冲突的显性化"②。三是促进社会一体化，即防止作为整体的社会出现分化或解体。

---

① Brian Stipak "Analysis of Policy Issues – Concerning Social Integration", *Policy Sciences*, No. 12, 1980, p. 41.

② 贾绘泽：《社会整合：涵义述评、分析和相关概念辨析》，《高校社科动态》2010 年第 2 期，第 30 页。

一 技术社会整合的概念解析

国内首次将社会整合引入到技术研究中并开创国内技术社会学研究之先河的是东北大学的陈凡教授，他在 1995 年发表的《技术社会化引论》中指出，在技术社会学上，社会整合指的是在技术社会化的过程中，社会环境对技术的影响，使技术完善自己的社会属性，实现自己的社会角色，与社会相互融合，实现技术与社会的一体化，所以，社会整合是实现技术社会化的基本方式之一。①

基于以上理论分析，我们可以对技术的社会整合做出如下的解释性说明：所谓技术的社会整合，不仅指技术系统内部诸要素之间的一种秩序维持的过程和状态，而且更重要的是指作为一种社会分化之结果的技术系统如何通过一定的方式和途径形成与外部社会系统诸异质要素之间的适应与协调，即形成与社会相容的技术，并实现技术社会化的过程。因此，技术的社会整合的过程应包括对技术的社会建构、选择、调试、控制等诸多内容。相应地，技术的社会整合观也应当包括技术的社会建构论、技术的社会选择论、技术的社会塑形论、技术的社会控制论等技术社会学的基本理论。

二 技术社会整合的显功能与潜功能

结构功能分析法是结构功能主义学派重要的分析框架之一。所谓功能，是指具有特定结构的事物或系统，在其内部和外部的联系和关系中所表现出来的特性、能力和作用。对于结构功能主义而言，"功能"概念在逻辑上实质上被赋予了核心理念的位置。社会功能首先是一定社会结构或组织形式下的社会要素的存在理由和目的。要素及其组织结构是为功能而存在的，是由功能而表达其意义、体现其价值的，它们的最终作用都要体现在功能上。R. 默顿

---

① 陈凡：《技术社会化引论》，中国人民大学出版社 1995 年版，第 47—48 页。

对"显功能与潜功能""正功能负功能"进行了区分并作了进一步分析，他指出，所谓显功能，是指那些有意造成并可认识到的作用后果；所谓潜功能，是指那些并非有意造成和未被认识到的作用后果。有助于某系统或群体的整合与内聚的是正功能，也就是积极功能；而对某系统或群体具有拆解与销蚀作用的则是负功能，即消极功能。①

我们认为，在技术的社会整合中也存在上述功能：

所谓技术社会整合的显功能指的是在技术的社会整合过程中，通过技术与社会的互动，使技术满足社会目的，获得其社会属性，形成被人们接受的社会技术，并且已经发挥明显效应的功能；技术社会整合的潜功能指的是已在构思酝酿但尚未进入社会整合机制或者技术社会化过程中出现未被人们认识到的并潜在可能出现的功能。如荷兰学者平齐和比克在自行车充气轮胎案例的考察中发现，气体轮胎的装配最初主要是最为防震问题而提出的，而在普通大众那里气体轮胎的装配影响了自行车的美感，并且对于自行车运动者来讲防震根本不是他们考虑的主要因素。但是在自行车比赛过程中，气体轮胎装配的自行车由于提高了速度，因此受到了青睐，并使人们最终接受了它。这便是气体轮胎潜在功能的凸显，由最初的防震功能到提速功能。在过程论技术视野中，尚在发明构思中的技术思想还不能形成社会的现实功能，"构思、设计是无形的、有待物化的技术，是技术活动的第一步，头脑中的无形技术终究要靠有形的技术来表达，变成现实的技术。"② 在从潜在技术到现实技术、从技术的潜功能到显功能、从合规律性的自然技术到合目的性的技术原理再到合社会经济可行性的产业技术转化过程中，都要受到社会因素的整合作用。

---

① 刘润忠：《试析结构功能主义及其社会理论》，《天津社会科学》2005 年第 5 期，第 54 页。

② 远德玉、陈昌曙：《论技术》，辽宁科学技术出版社 1986 年版，第 62 页。

三　技术社会整合的正功能和负功能

所谓技术社会整合的正功能是指在技术社会化过程中，通过技术与社会的双向整合，使社会熵值减小，促进社会向有序和谐发展的积极功能；所谓负功能指的是技术自主性的过度发展、社会整合失范、技术理性和价值理性失衡、技术异化出现，对社会造成负面消极影响的功能。不可否认，在社会整合过程中，技术仍然能够保持一定程度的自主性。"技术不是按照所追求的目标向前发展，而是按照现存的发展可能性而向前发展，也就是技术有自我增长的逻辑。"① 所以，技术的社会整合过程就是如何最大限度地发挥其正功能，缩小并消解负功能的过程。正如陈凡所说：它既不是单方面的对技术整合，也不是消极被动地使技术去适应社会环境，它强调一种双向、动态的社会整合调试过程，并进一步要通过对技术的整合使之适用于社会，同时又要对社会进行调试，使之适应于技术，只有技术与社会双方的相互适应，才能更有效、更合理地使技术被社会所相容，并最大限度地发挥其功能。②

对于技术社会整合的显功能和潜功能、正功能和负功能的区分在理论中很容易理解，但在实际中，这两对功能往往是相互交织在一起的，不能说技术社会整合的显功能一定对应的就是其正功能，潜功能一定对应的是负功能。因此，要对技术的社会整合的功能进行仔细的分析，即在技术的社会整合过程中如何实现从潜功能到显功能的转化，如何避免负功能并引导正功能的实现，也是一个重要的课题，将留待它文，故不在此赘述。

第三节　技术的社会整合机制选择

技术社会整合的过程是技术的社会化过程中的重要环节，是技

---

①　陈昌曙、远德玉：《技术选择论》，辽宁人民出版社 1990 年版，第 24 页。

②　陈凡：《技术社会化引论》，中国人民大学出版社 1995 年版，第 25 页。

术系统与社会系统相互作用、相互选择、相互建构的过程，是技术社会整合机制发挥实际功能的运作过程。本书认为，技术系统与社会系统的完整的整合过程也应该包括目标获得、选择与消化、调试与吸纳与维持与更新四个步骤。

一　技术系统的目标获得与评估

技术系统目标的获得包括两个层面。一个是技术内部逻辑上的可能性，技术有其自我演化的能力，技术系统内部结构的失衡或者现代科学原理的更新换代导致技术进步和技术发明的产生；另一个是社会需要的嵌入，技术内部逻辑的可能性并不必然导致技术外部属性的可行，社会各个系统对技术的自然属性的功能性预设是技术发展的价值目标。技术发明的产生其根本原因就是原有的技术系统与社会系统的之间契合的不适应，当原有的技术手段不能满足社会各个系统对技术目标的需要的时候，技术发明就产生了。当新的技术发明产生并初步显示其对社会系统的功能时，必然会对原来的社会系统有建设性或者破坏性的作用，社会各个系统由于价值规范的作用首先会对这种由技术创新带来的功能保持一种惯性，作出一种适应性的反应。因此，技术发明的产生是社会系统对技术功能需求的预设的实现，新技术系统的功能蕴含了社会系统的价值诉求。

潜在的技术采用者（或称其为技术受方）对新技术的接触可能是主动的，也可能是被动的。对新技术的主动接触，一方面是潜在的技术采用者发挥主观能动性，对现有技术进行完善和改造，或研发出可代替现有技术的新技术。"人类对已取得的、行之有效的技术成果，只会不断改进完善，增加新的颗粒，而不会抱住原有技术不放，更不会倒退到低效的老技术去。"[①] 另一方面是源于技术的内部演化逻辑。技术自身的发展演变总是从低级到高级，其作为一种系统具备着自我演化的能力，正因如此，有国外学者认为，

---

①　陈昌曙：《技术哲学引论》，东北大学出版社 2012 年版，第 173 页。

"技术是按照自我逻辑演化的巨系统"①。这两种方面揭示出，技术
是具有非凡生命力的活跃系统，无论从人本身的能动性出发，还是
从技术的自我演化性出发，没有什么力量能够阻止技术的向前发
展。这两个方面使个人或组织主动寻求技术的开发，这些个人或组
织也有很大可能成为所开发出的新技术的第一批使用者。对新技术
的被动接触，主要由于外部技术系统的转移和扩散。被动接触也可
分为两种情况，第一种情况是外部的技术对其所在的社会系统发挥
出一定的改造和推动作用，并通过某种渠道传出一些片段式信息，
从而被本社会系统的个人或组织察觉，引起了本社会系统中行为主
体的关注。例如，企业对于自身没有而其他企业拥有的某项新技术
的关注即属于此类；第二种情况是外部的已相对成熟的技术系统，
在对其先前所在社会系统发挥出作用之后，开始逐渐进入另一个社
会系统中，并对另一个社会系统的旧技术产生一定的冲击，从而在
另一个社会系统引发对新技术系统的被动接触。例如，19 世纪后
半叶西方科学技术对中国社会的冲击就属于这一范畴。

　　无论是主动接触还是被动接触，在耳闻目睹了新技术的特征之
后，社会的行为主体将对新技术进行评估。需要说明的是，对于主
动接触的新技术，社会行为主体所能发挥的主观能动性较为突出。
例如，当某企业研发出某项新技术，但新技术因某些原因对企业无
法产生较强的发展推动时，这项新技术可能会被企业冻结或废弃。
而若新技术能促进企业发展，并有较强的经济和社会效果，那么企
业将进一步开发该项技术。而对于被动接触的新技术，社会行为主
体的选择余地较小，所能发挥的主观能动性也较弱。例如，当某项
其他企业研发的新技术成为行业或社会的引领者时，尚未掌握该项
技术的企业一般情况下只能千方百计引进或亲自研发该项技术。再
如，19 世纪后半叶西方科学技术对中国社会造成了极大影响，这
引起了当时一些守旧势力的排斥，但这种排斥只能是杯水车薪，无

---

① 　陈红兵：《新卢德主义评析》，东北大学出版社 2008 年版，第 65 页。

法阻挡具有强大优势地位的西方技术的影响，因此在没有选择余地的被动情况下，中国社会只能任凭西方科技将旧技术体系冲击得七零八落，当然这也在长远上促进了中国的近代化。总而言之，无论社会行为主体面临何种选择范围，在对新技术的接触之后，进一步的评估将决定其对新技术的反应。

二　技术发展的选择与消化

新技术系统对社会需要的满足并不代表技术社会化的完成，这仅仅是社会系统对技术本身的机械性的适应行为，它甚至有时候在社会系统对技术尚未充分理解的基础上达成的。一方面，随着技术系统在社会环境中功能的不断展开，技术系统本身的演化的复杂性会导致技术与社会系统间摩擦不断增大；另一方面，社会系统对技术知识理解的不完整性、与技术系统目的的不明确性与易变性也导致了技术系统与社会的整合过程不是线性机械的。所以，要实现技术的社会整合，还必须使技术系统在被动适应社会系统价值的基础上主动地理解和消化新技术系统自身带来的不稳定性。

技术系统的消化意味着不仅要理解技术系统的物性层面，即作为人工物的技术，了解人工物的物理结构包括技术人工物的各项物理参数；还要理解技术系统的功能属性，即嵌入了价值的社会属性，是人对技术人工物物理结构的使用；不仅要看到技术系统的显功能及其实现的可行性，也要看到其潜在功能及其实现的可能性；不但要注意技术系统的正功能及其社会影响，还要看到其负功能与实现负功能的整合控制。在全面理解技术系统的基础上使社会系统对技术系统的进行更加主动地消化与选择，这一阶段，实际上是从技术的自然属性过渡到社会属性、由技术的潜功能实现显功能、发挥技术的正功能而规避技术的负功能的过程，也即技术对社会的适应性。

技术在传播时会负荷输出方的社会系统的一些观念或制度。而面对新技术，输入方的社会系统与其所负荷的观念或制度会发生或大或小的摩擦，这种摩擦在外部表现上是文化层面的，但其深层原因在于新技术系统的社会属性。"一切技术活动在其本质上来说都是社会性的活动，它的实施都涉及社会的诸多因素，其原因在于作为技术构成要素的技术主体、技术客体、技术目的、技术手段、技术产品都有社会性"①。技术若要在新的社会系统内良好快速地发展，就必须与输入地的社会系统互相调节，互相适应。否则，技术的传播就会受到很大制约，陷入泥淖之中。对此，接下来所进行的，就是技术传播的第二个过程，即调节与适应。

社会系统内对新技术传播的制约来自很多因素，其中有一些因素是较为突出的。埃吕尔认为，有四种社会因素会对技术产生制约，即道德、与道德相关的公众舆论、社会结构、国家②。其中，道德指的是社会系统内部成员普遍遵守的行为规范。与道德相关的公众舆论是指人们基于道德对新技术做出的非理性判断和反应，这些反应未必和善恶相关，但会对新技术的接受度产生很大影响。社会结构是指社会系统的基本形态、经济结构或法律结构等内容，技术传播所负荷的观念和制度往往会对社会结构的稳定性造成碰撞。国家则较易理解，是指社会系统所在的稳定的社会共同体机构。新技术在社会系统内的传播，必须与输入地的道德不产生较大分歧，也必须取得广泛的舆论认可，符合社会结构的总体秩序，同时不能对所在国家的稳定性造成危害。如果不满足上述四点，新技术的传播将会引起输入地的排斥，进而引发新技术和输入地的相互调试，进行　定的折中。如果调节不成功，或调节缓慢，那么新技术传播的速率会明显变慢，这种情况下，如果新技术系统对输入地的优势非常巨大，那么调节将继续进行，否则很可能出现传播的中断。当然，上文所言是在宏观方面的调节行为。在微观的领域，例如一个企业，新技术会被企业的人事组合、资金流动、管理制度、企业文

①　许良：《技术哲学》，复旦大学出版社 2004 年版，第 215—216 页。
②　同上书，第 213 页。

化等方面所制约，只有新技术能与这些方面取得相互的共通，才会有大范围应用的可能。同理，如果调节缓慢，那么新技术存废的关键就在于，其是否是企业所必须选择的技术，若是，则会继续调节，否则将可能会被存在相似功能的可替代技术所置换。

值得一提的是，从建构论的角度，技术内部同时具有"可建构性"以及"不可建构性"①。所以，新技术在传播时所调节的是技术中具备"可建构性"的部分，例如技术的观念、制度等一些主观的方面。新技术中的客观方面，例如新技术运行所必须遵守的自然规律，则具有"不可建构性"，是无法被调节的。例如，欧洲历史上曾长期盛行的永动机，明显违反了自然规律，虽然有人声称研制成功了永动机，并试图传播永动机技术，但由于其对自然规律的违反，任何调节都无法促成其与社会的相互适应。总之，在技术传播的调节与适应阶段，技术传播的在输入地的社会系统将会长久地处于调节状态，直到调节基本成功，即与社会系统达成相互的适应。

三 技术结构的反馈与吸纳

技术也是一个具有自组织性、自稳定性的系统结构。当技术系统演化到稳定状态，即使有从外界社会系统输入的干扰，技术系统也在内部约束力的作用下保持一定的自我生长和控制的能力。当技术系统的结构功能与社会系统的价值需求不一致，并不一定急于抛弃技术的结构功能使得适应社会系统的价值追求，而是要对技术的技术新颖性与功能潜在性进行充分的经济的、环境的和社会文化的评估，在此基础上引导并调节社会各个系统对技术的价值预设，保持社会系统与技术的稳定。在科学活动中，按照拉卡托斯的科学研究的纲领，科学中的基本单位和评价对象不应是一个个孤立的理论，而应是在一个时期中由一系列理论有机构成的研究纲领。同样

---

① 邢怀滨：《社会建构论的技术观》，东北大学出版社 2005 年版，第 62 页。

地，在技术系统中，也存在一个由技术内部逻辑构成的"硬核"，它不容社会系统的价值的"反驳"和相关社会群体的建构。如果放弃了这个"硬核"就会滑向相对主义和主观主义。这个技术系统的"硬核"周围是由各个社会系统组成的"保护带"，当产生了与原先预设的技术功能所没有预见的功能或者社会影响时，一方面要思考从内部丰富、完善和发展技术系统的"硬核"；更重要的是需要社会各个系统对预设的技术功能重新定义与解释，也即社会对技术的相容。

反馈这一环节主要是由于技术传播所具有的双向互动性。技术从一个地域传到另一个地域，从一个组织传到另一个组织，在其传播的过程中一直保持着传者与受者的互动和交流。当然，交流其实在技术的社会整合前两个步骤中也有出现，但在技术整合完成了调节和适应之后，这种反馈会更加成体系。此中原因在于，在技术的社会整合前两个步骤中，新技术先前所在的社会系统和传入地的社会系统可能存在较大的不同，此时的交流多以摩擦和碰撞的形式出现，部分甚至还会产生敌对状态。而当第二个步骤完成，即调节和适应已基本成功，新技术的传者和受者双方的社会系统差异会缩小，传入地的社会系统会向新技术的来源地社会系统趋近。因此，差异的缩小使得观念和制度上的相互理解更加容易，交流和反馈也更加顺畅。此时，传入地的社会系统作为新技术的最新采用者，会在实践方面对新技术产生一些补充性的修正，而且会通过一定的交流机制将新技术的实践经验传回技术的来源地，共同促进新技术的进一步完善和提升。

除此之外，由于社会系统也在不断向前发展，所以即使在社会整合的反馈和吸纳阶段，前一阶段的调试和适应过程并没有完全消失，新技术也必须随时准备面对社会中出现的一些新问题，同时还必须和传入地的社会系统中经济、政治、文化等因素作全方位的融合，一定程度上变为本地化的技术系统，以此来保持新技术的稳定性。而技术的自然和社会双重属性决定了技术的传播同时具有自主和可控的双重特质，技术的自我逻辑演化既保有独立的规律性，也要受到作为技术采用者的人的选择。在这一阶段，新技术传播所进行的一系列协调性的调整。也即，在这一阶段中，技术的社会整合一方面通过技术的输出地和传入地实践经验的相互反馈，促进新技术的完善，另一方面也通过新技术在传入地的全方位融合和吸纳，根据自身规律发展的同时也接受技术采用者的能动性选择，以完成技术的本地化，促进新技术系统和社会系统的整体稳定。

四 技术功能的维持与更新

当社会各个系统有选择地有效吸纳了技术系统的功能，就会改变和调整自身的结构安排和利益格局，这样便在社会系统中产生一种稳定的社会效应，而技术系统的结构也因社会系统的价值建构获得了一种稳定状态。在维持阶段，技术的自然属性实现了社会属性的赋予，技术的潜功能也得以显现。然而同时，技术系统对于社会外部环境需求的适应性不断减弱，最后趋于僵化，技术系统与社会系统之间又会形成新的冲突，或者导致新的技术产生，或者导致社会系统对自身的又一次调试，这便是一次完整的技术的社会整合的过程。

当新技术社会整合到一定程度，技术系统和社会系统也具备了相容性和稳定性。此时，技术采用者的增长幅度变得缓慢甚至停滞，在社会系统内的扩张也接近饱和，此时的社会整合就进入第四个过程，即维持与更新。维持是在于维持技术成果的扩散，继续保持稳定，继续释放技术系统可供挖掘的增长潜力，协调系统内部各主体的利益输送或矛盾分歧，相应之下，技术系统和社会系统已经能够保持同步的发展。而如果社会系统出现一些异动，技术系统也能以最快速度进行反应。这个时候，所传播的新技术已经实现了社会化进程，技术与社会相互影响，相互促进，该技术完全成为与社会系统相容的子系统，社会中的政治、经济、文化等系统也会与技术系统相互支撑，一同促进整个社会系统的发展。

　　这一过程中，更新是在于当有更加新式的技术出现，则曾经的新技术相对变成旧技术，新一轮的技术社会整合和取代将会开始。而是否出现更新，则取决于技术要素与技术系统的矛盾，取决于该技术的系统内部同社会的技术基础的矛盾，也取决于社会技术基础与社会经济基础的矛盾，但这几个矛盾激化，也就是技术系统已不能满足技术要素的发展需要，不能跟上社会技术基础的步伐，不符合社会经济基础的需求，那么就会引发新一轮的主动或被动的技术整合。而这，便是更加新式的技术传播从第一个过程到第四个过程的重演。正是在这些不断的重演中，社会的技术基础得到不断提升，社会的发展程度也逐渐跃升。

　　当然，技术的社会整合过程并不是一次就能完成的社会过程，而是在一般情况下要经过不断的多次反复才能完成。并且，并不是所有的技术在与社会系统整合的过程中都要遵循目标获得、选择与消化、调试与吸纳与维持与更新这四个机制的，不同的社会条件、地域、文化机制下跟技术系统的整合都会呈现出不同的特点。技术的社会整合过程不但是技术系统自身的演化过程，也是社会系统的整合基础上的社会变迁过程。这就不仅需要深入"技术黑箱"内部，用社会学的方法对技术进行"深描"，还要走出技术黑箱，避免陷入技术的社会建构主义泥淖。

结 论

　　无论是科学技术与社会的相互关系还是社会中的科学技术一直是欧美不同传统的 STS 研究的对象，通过对科学、技术与社会关系（STS 关系）的考察体现了学者对这一概念认识分歧的历史渊源，学科建制、研究领域说和社会运动说其实都在一定程度上加深了对 STS 争论的分析。使得围绕科学技术与社会（STS）的争论，难以形成共识的概念，本书从对不同 STS 传统的理解出发，尝试给 STS 做如下规定，即 STS 是科学技术与社会（Science, Technology and Society）与科学技术学（Science and Technology Studies）这两个具有不同研究侧重点的范畴的缩写。其中前者大致属于美国传统上理解的 STS，它以科学技术与社会之的相互关系为研究对象，研究主题分为三个层面，1 社会的科学技术观；2 科学技术的社会影响；3 科学技术的社会机制。而后者大致属于欧洲传统的 STS，主要以社会中的科学技术为研究对象，是对科学技术的人文社会科学研究的统称。从而关于 STS 的诸多争论实际上也是指向了不同传统的 STS。

　　当然，同一性和差异性是进行比较研究的基础，欧美传统的 STS 在一定程度也具有一致性和互补性，这使得欧美 STS 在研究范畴上具有可比性。在研究范围的确定上，本书认为关于欧美 STS 研究传统的划分并不是绝对的，两种传统在研究范围上有重叠的部分，但这不影响作为一个研究传统的 STS 的比较。本书选取了产生语境、研究进路、哲学基础三个层面尝试对欧美传统 STS 进行比较，试图构建欧美 STS 传统的比较体系，得出结论如下：

首先，产生语境的比较是对两种 STS 传统比较的起点，通过对两种传统起源的比较可以较好的从源头上理解二者的迥异。正是二者在社会背景和时代背景上的相似点，造成了欧美 STS 在研究范畴上的相通。但总体说来，对于欧美 STS 传统，二者在起源上的差异又是明显的。其中，两种文化分裂所引发的关于科学与人文的争论给欧洲 STS 出现提供了社会语境，贝尔纳的科学社会学是欧洲 STS 研究的学派源流，科学知识社会学正是在受到知识社会学相对主义方法与库恩历史主义范式的启示下展开对科学社会学的批判而形成欧洲 STS 研究传统的；对于美国的 STS 研究来说，则具有更宏大的社会背景，由于科学技术负面效应的凸显，引发了美国人文主义知识分子的忧思和社会活动家的激烈反抗，传统的技术社会学与科学社会学又不解释和评价科学技术的双刃剑效应，在这个基础上，表现为一系列大学 "STS 研究" 计划的美国 STS 产生，并影响了科学与技术的社会学研究学派。而正是由于二者在学派源流、观念起源上的差异，造成了二者研究传统的不同，并使得欧美 STS 各自依照自己的传统形成了不同的研究进路。

其次，但就基本的思想脉络来看，欧美 STS 的研究进路以及进路之间的演变还是较为清晰的。总体说来，欧洲 STS 从科学学开始，经历了科学知识社会学到后知识社会学和 STS 的技术转向，其理论观念也由科学的哲学研究到社会学转向再到人类学转向到文化转向、修辞学转向、实践转向等一系列转向。美国的 STS 也从 STS 教育到科学技术的公共政策，从技术决定论到社会建构论，再到实在论建构论和政治学建构论的转向。欧美 STS 在各自的研究进路上共同推进了 STS 研究的成熟，正如杨艳在通过对三册《科学技术论手册》的总结时，指出 STS 研究路径 "最开始 STS 采用跨学科思想和理论去解释科学和技术，迈出了 STS 作为一个新生领域的稚嫩而朝气的步伐，表现为 STS 的各领域缺乏一种统一的视角；在第二册体现了 STS 在成长过程中以激进的反传统的姿态去建筑 '沙滩上的房子'，表现为以社会建构的视角去统辖各研究领域；而新手册中的 STS 俨然成长为成熟的领域，开始在'实践'的框架下，以平静的心态寻求与其他传统、方法与学科，特别是与科学哲学的对话，强调一种跨学科的综合视角。[①]"而 STS 两种不同进路的演化以及共同的走向其背后深层次的原因都是源于西方哲学长期以来的经验主义与理性主义的分离和融合。

再次，总体说来，欧洲 STS 遵循了一种社会建构主义传统的 STS 研究。西斯蒙多论述了社会建构主义作为欧洲 STS 的哲学基础，他指出，"作为 STS 的哲学基础，强纲领已经为其他进路所补充，建构主义的、相对主义的经验纲领、行动者网络理论、符号互动论以及常人方法学的等。[②]"实际上，无论是强纲领还是行动者网络理论，都是建构主义的变种，或者是建构主义在 STS 领域的理论表现形态。在西斯蒙多看来，社会建构主义为 STS 提供了三个理论假设，"（1）科学技术基本是社会的；（2）科学技术的活动中的，建构意味着活动；（3）科学技术不必然是从自然到自然的思想的直接通道。[③]"虽然建构主义理论形态复杂多样，但沿着对建构主义的理论追寻可以发现，建构主义与欧陆哲学的理性主义、现象学解释学和语言哲学传统是一脉相承的。

美国 STS 总体上受经验主义传统影响，表现出实证主义与实用主义色彩相结合的特点。实际上，美国的 STS 研究并没有表现出浓厚的哲学色彩，而是一种带有实证色彩的社会学研究，因此，传统的经验主义哲学对美国 STS 的影响是通过社会学领域的传递再影响到美国 STS 研究的。从研究方法上看，美国 STS 是一种实证主义的研究方法，重视经验的、微观的、具体的、实证的研究策略。从美

---

① 杨艳：《<新科学技术论手册>述评》，《自然辩证法研究》2008 年第 9 期，第 90 页。

② SergioSismondo：AnIntroductiontoScienceandTechnology*Studies*，Oxford：Blackwell-Publishing，2004，p.49.

③ 同上书，第 50 页。

国 STS 所体现的价值取向上，则是一种实用主义的研究传统，其目的就是要平衡"是"与"价值"之间的关系，企图找到从工具理性到价值理性嬗变的通道。

结合欧美 STS 的比较研究以及未来国家 STS 主题变迁与 STS 中国化的理论路径，我们提出了技术的社会整合理论。诚然，技术社会整合的理论是一种 STS 中国化的有益尝试（我们同时也应研究科学的社会化、自然的社会化；当然也要研究社会化的科学、社会化的技术、社会化的自然），但当下我们更为重要的工作是如何在分析借鉴国外 STS 理论的同时，开展坚持马克思主义传统的 STS 研究；植根于中国文化传统的 STS 研究；立足于中国实践情景的 STS 研究；聚焦于中国问题的 STS 研究，逐渐形成中国特色、中国风格、中国气派、中国语境的 STS 理论体系。

STS 中国化的路径选择，第一要立足本土化，这是 STS 中国化的实践根基；第二要面向国际化，这是 STS 中国化的理论视域；第三要促进建制化，这是 STS 中国化的未来发展。只要我们坚持马克思主义理论的指导，自觉面向科技全球化背景，基于我国科学技术实践，朝向企业技术创新，提升自主创新能力，服务创新型国家建设，中国的 STS 研究就会逐渐形成具有基本研究范式、明确研究纲领、科学研究方法的 STS 学术共同体。我们要继续坚持"以特色突出地位、以研究体现水平、以应用寻求前途、以开放促进发展"，中国特色的 STS 学派将逐渐在国际 STS 学术界占有一席之地！

参考文献

英文文献

[1] Andrew Feenberg: Questioning Technology, NewYork: Routledge, 1999.

[2] Andrew Feenberg: Modernity and Technology, Cambridge: MIT Press, 2003.

[3] AlbertH. Teieh, BarryD. GoldandJuneM. Wiaz: "Graduate Edueation and Career Directions in Science, Engineering and Public Poliey" Washington. DC: American Association for the Advancement of Science, 1986.

[4] Andrew Pickering: From Science as Knowledge to Science as Practice, Chicago: University of Chicago Press, 1992.

[5] Andrew Webster, Science, Technology and Society: New Direction, NewBrunswick: Rutgers University Press, 1991.

[6] Barry Barnes: Kuhn and Social Science, London: The Macmillan Press Ltd, 1982.

[7] Bruce Bimber: "Three Faces of Technological Determinism" Does Technology Drive History?, Cambridge: MITPress, 1994.

[8] Bruno Latour&SteveWoolgar: Laboratory Life: The Construction of Scientific Facts, Princeton, NewJersey: Princeton University Press, 1986.

[9] BijkerW, HughesT. : The social construction of technological

systems, Cambridge: MIT Press, 1987.

［10］BRIANSTIPAK: "Analysis of Policy Issues – Concerning Social Integration" Policy Sciences, No. 12, 1980.

［11］CHEN Fan. "On Technology, Time, Culture's Globalization and Local Nationality", Twelfth Biennial International Conference of the Society for Philosophy and Technology, Nature and Technology, University of Aberdeen, Aberdeen, Scotland, July9 – 11, 2001. 见《工程、技术、哲学 – 2001 年技术哲学研究年鉴》, 大连理工大学出版社, 2002 年 2 月.

［12］Christine Macleod: Heroes of Invention: Technology, Liberalism and British Identity, 1750 – 1914, Cambridge, NewYork: Cambridge University Press, 2007.

［13］Carl Mitcham: "In Search of a New Relation between Science, Technology, andSociety" Technology in Society, No. 4, 1989.

［14］Collins · HarryM.: "In the Empirical Program of Relativism" Social Studies of Science, No. 6, 1981.

［15］Collins and Robert Evans: "The Third Wave of Science Studies: Studies of Expertise and Experience" Social Studiesof Science, No. 2, 2002.

［16］David Bloor: Knowledge and its Social Imagery, London and Chicago: RutledgePress, 1976.

［17］David Bloor: Wittgenstein: A social Theory of Knowledge, NewYork: Columbia University Press, 1983.

［18］David Bloor, Barrry Barnes and John Henry: Scientific Knowledge: A Sociological Analysis, Chicago: The University of Chicago Press, 1996.

［19］Don Ihde: "Philosophy of Technology 1975 – 1995" Society for Philosophy&Technology, No. 1, 1995.

［20］Deborah Johnson, Jameson Wetmore: Technology and Society Building our Sociotechnical Future, Cambridge: MITPress. 2009.

[21] Donald MacKenzie And Judy Wajcman: The Social Shaping of Technology, Berkshire: Open University, 1999.

[22] Edward J Hackett, Olga Amsterdamska, Michael Lynch, JudyWajcman: The Handbook of Science and Technology Studies 3rdedition, Cambridge: TheMITPress, 2007.

[23] EdleyN: "Unravelling Social Constructionism" Theory&Psychology, No. 3, 2001.

[24] FranzA. Foltz: Origin of an Academic Field: the Science, Technology and Society Paradigm Shift, Lanham: AltaMiraPress, 1988.

[25] Goldman, Alvinl: Pathways to Knowledge: Private and Public, Oxford: Oxford University Press, 2002.

[26] Garfinkeletal: "Respecifying the Natural Sceince as Discovering Sciences of Practical Action" in the Conference at Calgary University, 1993.

[27] G. Willson. "Science as a Cultural Construct" Nature, No. 6, 1997.

[28] Harry Collins: Changing Order: Replication and induction in scientific practice, London&Beverly Hills: Sage Publications, 1985.

[29] Hideto Nakajima: "Differences in East Asian STS: European Origin or American Origin?" East Asian Science, Technology and Society: an International Journal, No. 2, 2007.

[30] Jose' A. Lo'pezCerezo, CarlosVerdadero: "Introduction: science, technology and society studies – from the European and American north to theLatin American south" Technology in Society, No. 25, 2003.

[31] John Dewey: "The Development of American Pragmatism"

Philosophy and Civilization, NewYork, 1968.

［32］ Jacques Ellul: The Technological System, NewYork: Continuum, 1980.

［33］ Juan. Ilerbaig: "The Two STS Subculture and the Sociological Revolution" Science, Technology and Society, No. 90, 1992.

［34］ Jan Kyrre Berg Olsen: A Companion to the Philosophy of Technology, Willey: Blackwell, 2009.

［35］ John Solomon, Teaching Science, Technology and Society, Berkshire: Open University Press, 1993.

［36］ Knorr – Cetina and Steven Mulkay: Science Observed Perspectives on the Social Study of Science, London&BeverlyHills: SAGE Publications, 1983.

［37］ Karin Knorr Cetina: The Couch, the Cathedral, and Laboratory: On the Relationship between Experiment and Laboratory in Science, Science as Practice and Culture. Chicago: Chicago University Press, 1992.

［38］ L. Fuglsang: "Information and Credibility Problems of STS and Technology Assessment" Bulletin of Science, Technology and Society, 1989.

［39］ Lewis Mumford: The Myth of Machine: Technics and Human Development Vol1), NewYork: MarinerBooks. 1971.

［40］ Leonard Waks: "STS as an Academic Field and a Social Movement" Science, Technology and Society, Working Paper, No. 3. 1994.

［41］ Langdon Winner: "On Criticizing Technology" PublicPolicy, No. 4, 1972.

［42］ Langdon Winner: The Whale And The Reactor, Chicago: University of Chicago Press, 1986.

［43］ Langdon Winner: "Upon Opening the Black Box and Find-

ing it Empty: Social Constructivism and the Philosophy of Technology",
PittJ, LugoE. : The Technology of Discovery and the Discovery of
Technology, Blacksburg, Society for Philosophy and
Technology, 1991.

[44] Langdon Winner: Autonomous Technology: Technics – out
– of – Control as a Theme in Political Thought, Cambridge: MIT Press,
1997.

[45] Michel Callon, BrunoLatour: "Don't Throw the Baby Out
With the Bath School! A Reply to Collins and Yearley" In AndrewPick-
ering (Ed) ·Science as Practice and Culture, Chicago: Chicago Uni-
versity Press, 1992.

[46] Michael Lynch: Scientific Practice and Ordinary Action:
Ethnomethodology and Social Studies of Science, Cambridge: Cam-
bridge University Press, 1993.

[47] M. Mulkay: Sociology of Science, Blooming: Indiana Uni-
versity Press, 1991.

[48] M. R. SmithandL. Max: "The Dilemma of Technological De-
terminism", Does Technology Drive History?, Cambridge: MIT Press,
1994.

[49] Michael Thad Allen, Gabrielle Hecht: Technologies of
Power, Cambridge: The MIT Press, 2001.

[50] OliverKelly: Ethics, Politics And Difference In Julia Kriste-
va's Writing, NewYork: Routledge, 1993.

[51] Ogburn. WilliamF, Nimkoff. MeyerF: Handbook of So-
ciology, London: Kegan Paul Trench, Trubner Co. LTD, 1947.

[52] Ogburn, WilliamF: On Culture and Social Change. Selected
Papers, Chicago: The University of Chicago Press, 1964.

[53] Pickering, A. : Science as Practice and Culture, Chicago:
The University of Chicago Press, 1992.

[54] PaulT. Durbin: "Technology Studies against the Background of Professionalization in American Higher Education" Technology in Society, No. 11, 1989.

[55] Ropohl: "Philosophy of Sociotechnical System", Techne, No. 3, 1999.

[56] Rosemary Chalk, Science, Technology, and Society: Emerging Relationships, Washington DC: The American Association for the Advancement of Science, 1988.

[57] Rouse Joseph: Engaging science: How to understand Its practices philosophically, Cornell University Press.

[58] Robert Kirkman: "Technological Momentum and the Ethics of Metropolitan Growth" Ethics, Place and Environment, No. 3, 2004.

[59] Rustum Roy and LeonardJ. Waks: "The Science, Technology and Soeiety" Washington. DC: American Association for the Advancement of Science, 1985.

[60] Steve Fuller: Social Epistemology, Bloomington: Indiana University press, 1988.

[61] Steve Fuller, Philosophy, Rhetoric, and the End of Knowledge: The Coming of Science and Technology Studies, Madison: University of Wisconsin Press, 1993.

[62] S. Gilfillan: The Sociology of Invention: an Essay in the Social Cause of Technic Invention and Some of Its Social Results: Especially as Demonstrated in the History of the Ship, Chicago: Follett Publishing Cmpany, 1935.

[63] StephenH. Cutcliffe, The Emergence of STS as an Academic Field. Research in Philosophy and Technology: Ethics and Technlogy, Greenwich: JAI Press Inc, 1989.

[64] StephenH. Cutcliffe, "The Warp and woof of Science and

Technology Studies in the UnitedStaes". Science Technology and Society, NO. 3, 1994.

[65] StephenH. Cutliffe: Ideas, Machines, andValues: An Introduction to Science, Technology, andSociety Studies, Boston: Rowman&Littlefield Publishers, 2000.

[66] StephenH. Cutcliffe, CarlMitcham: Visions of STS, NewYork: State University of NewYork Press, 2001.

[67] Sergio Sismondo: Science without Myth – On Constructions, Reality, andSocial Knowledge, NewYork: State University of NewYork Press, 1996.

[68] Sergio Sismondo: An Introduction to Science and Technology Studies, Oxford: Blackwell Publishing, 2004.

[69] Steve. Woolgar: "The Turn to Technology in Social Studies of Science" Science&Human Values, No. 1, 1991.

[70] ThomasP. Hughes: Networks of Power: Electrification in Western Society, 1880 – 1930, Baltimore: The JohnsHopkins University Press, 1983.

[71] ThomasP. Hughes: American Genesis: A century of invention and technological enthusiasm 1870 – 1970, NewYork: Viking Penguin, 1989.

[72] ThomasS. Kuhn: The Structure of Scientific Revolutions. Second Edition, Chicago: The University of Chicago Press, 1970.

[73] Vivien Burr: Social Constructionism – Socialpsychology, Culturalrelativism, Subjectivity, Discourse analysis, Social interaction, Socia lproblems, NewYork: Taylor&Francis Routledge, 2003.

[74] W. Bijker, T. Hughes, T. Pinch. : The social construction of technological systems: New directions in the sociology and history of technology, Cambridge: MIT Press, 1987.

［75］ Wiebe E. Bijker： "Understanding Technological Culture through a Constructivist View of Science, Technology, and Society", Visions of STS, NewYork： State University of NewYork Press, 2001.

［76］ William F Ogburn and SGilfillan： The Influence of Invention and Discovery, in US President's Research Committee on Social Trends in the UnitedStates, NewYork： McGraw Hill, 1933.

［77］ Westrum. Ron：" Technology and Social Change" in Robert Perrucci, Sociology： Basic Structures and Processes, Dubuque： Brown Company Publishing, 1977.

［78］ W. VQuine： Epistemology Naturalized in Ontological Relativity and otherEssays, NewYork and London： Columbia University Press, 1969.

中文文献

［ ］［美］奥格本：《社会变迁——关于文化和先天的本质》，王晓毅，陈育国译，浙江人民出版社 1989 年版。

［2］［美］安德鲁·皮克林：《实践的冲撞——时间、力量与科学》，邢冬梅译，南京大学出版社 2004 年版。

［3］［美］安德鲁·皮克林：《作为实践和文化的科学》，柯文、伊梅译，中国人民大学出版社 2006 年版。

［4］［美］奥利卡·舍格斯特尔：《超越科学大战——科学与社会关系中迷失了的话语》，黄颖，赵玉桥译，中国人民大学出版社 2006 年版。

［5］安维复：《STS 的理论基础：从综合学科论到社会建构主义》，载李正风《走向科学技术学》，人民出版社 2006 年版。

［6］安维复：《社会建构主义的更多转向——超越后现代科学哲学的最新探索》，中国社会科学出版社 2008 年版。

［7］安维复：《社会建构主义的更多转向——超越后现代科学哲学的最新探索》，中国社会科学出版社 2008 年版。

［8］［英］贝尔纳：《历史上的科学》，伍况普等译，科学出版社1981 年版。

［9］［英］贝尔纳：《科学的社会功能》，陈体芳译，商务印书馆1982 年版。

［10］［英］巴恩斯、布鲁尔：《相对主义、理性主义和知识社会学》，《世界哲学》，鲁旭东译，2001 年第1 期。

［11］［英］巴里·巴恩斯：《科学知识与社会理论》，鲁东译，东方出版社2001 年版。

［12］［英］巴里·巴恩斯，大卫·布鲁尔，约翰·亨利：《科学知识：一种社会学的分析》，邢冬梅，蔡仲译，南京大学出版社2004 年版。

［13］［法］布鲁诺·拉图尔，史蒂夫·伍尔伽：《实验室生活：科学事实的建构过程》，张伯霖、刁小英译，东方出版社2004 年版。

［4］布里奇斯托克：《科学技术与社会导论》，刘立等译，清华大学出版社2005 年版。

［5］陈昌曙、远德玉：《技术选择论》，辽宁人民出版社1990 年版。

［6］陈昌曙：《STS 研究与中国国情问题》，《自然辩证法研究》，1992 年（增刊）。

［7］陈昌曙等：《自然辩证法概论新编》，东北大学出版社2001 年版。

［8］陈昌曙：《技术哲学引论》，东北大学出版社2012 年版。

［9］陈凡：《技术社会化引论》，人民大学出版社1995 年版。

［20］陈凡，陈佳：《国际STS 研究的新进展—34 届科学的社会研究学会（4S）国际会议述评》，《自然辩证法研究》2010 年第4 期。

［21］陈凡，张明国，梁波：《科学技术社会论——中日科技与社会（STS）比较研究》，中国社会科学出版社2010 年版。

［22］陈红兵：《新卢德主义评析》，东北大学出版社 2008 年版。

［23］崔建明：《杜尔凯姆的道德社会整合论》，学术月刊，1996 年第 5 期。

［24］［英］C. P. 斯诺：《两种文化》，纪树立译，三联书店 1994 年版。

［25］蔡平、赵魏：《社会学的实证研究辨析》，《社会学研究》，1994 年第 3 期。

［26］崔绪治、浦根祥：《从知识社会学到科学知识社会学》，《教学与研究》，1997 年第 10 期。

［27］蔡仲、郑玮：《从"社会建构"到"科学实践"》，《科学技术与辩证法》，2007 年第 4 期。

［28］［英］大卫·布鲁尔：《知识和社会意象》，艾彦译，东方出版社 2001 年版。

［29］［德］E. 胡塞尔：《欧洲科学危机与超验现象学》，张庆熊译，上海译文出版社，1988 年版。

［30］冯平：《面向中国问题的哲学》，《中国社会科学》，2006 年第 6 期。

［31］郭贵春，成素梅，马惠娣：《如何理解和翻译"Science and Technology Studies"》，《自然辩证法通讯》，2004 年第 1 期。

［32］顾海良：《"斯诺命题"与人文社会科学的跨学科研究》，《中国社会科学》2010 年第 6 期。

［33］高经宇：《美国实用主义技术观探析》，硕士学位论文，大连理工大学，2009 年。

［34］郭明哲：《行动者网络理论（ANT）—布鲁诺．拉图尔科学哲学研究》，博士学位论文，复旦大学，2008 年。

［35］葛勇义：《现象学对技术的社会建构论的影响》，《自然辩证法研究》，2008 年第 7 期。

［36］［德］黑格尔：《小逻辑》，商务印书馆 1981 年版。

［37］［德］胡塞尔：《现象学的观念》，倪梁康译，上海译文出版社 1986 年版。

［38］［德］哈贝马斯：《作为意识形态的科学与技术》，李黎等译，学林出版社 1999 年版。

［39］洪谦：《西方现代资产阶级哲学论著选辑》，商务印书馆 1964 年版。

［40］黄欣荣：《从科学学、技术学到科学技术学》，载李正风《走向科学技术学》，人民出版社 2006 年版。

［41］《简明哲学百科词典》，现代出版社 1990 年版。

［42］［德］迦达默尔：《哲学解释学》，夏镇平、宋建平译，上海译文出版社 1994 年版。

［43］贾绘泽：《社会整合：涵义述评、分析和相关概念辨析》，《高校社科动态》，2010 年第 2 期。

［44］江怡著：《维特根斯坦：一种后哲学的文化》，社会科学文献出版社 2002 年版。

［45］［美］卡尔·米切姆《技术哲学概论》，殷登祥等译，天津科学技术出版社 1999 年版。

［46］［美］卡尔·米切姆：《通过技术思考》，陈凡等译，辽宁人们出版社 2008 年版。

［47］［英］科纳尔：《伦理学理论中的革命》，牛津大学出版社 1966 年版。

［48］［美］卡林·诺尔·谢廷娜：《制造知识——建构主义与科学的与境性》，王善博等译，东方出版社 2001 年版。

［49］柯文：《让历史重返自然——当代 STS 的本体论研究》，《自然辩证法研究》，2011 年第 5 期。

［50］李鸿：《涂尔干"法人团体"社会整合观分析》，《社会科学战线》，2008 年第 9 期。

［51］刘珺珺：《从知识社会学到科学社会学》，《自然辩证法通讯》1986 年第 06 期。

［52］刘魁，干承武：《建构主义纲领评析》，《淮北煤炭师范学院学报（哲学社会科学版）》2003 第 12 期。

［53］［美］拉瑞·劳丹：《进步及其问题》，刘新民译，华夏出版社 1999 年版。

［54］［美］罗伯特·默顿：《科学社会学》，鲁旭东，林聚任译，商务印书馆 2004 年版。

［55］刘鹏，蔡仲：《从"认识论的鸡"之争看社会建构主义研究进路的分野》，《自然辩证法通讯》，2007 年第 4 期。

［56］刘鹏：《SSK 的描述与规范悖论—并基于此兼论后 SSK 与 SSK 的决裂》，《自然辩证法研究》，2008 年第 10 期。

［57］刘群：《实证主义在社会学中的发展脉络》，《长江师范学院学报》，2007 年第 7 期。

［58］刘润忠：《试析结构功能主义及其社会理论》，《天津社会科学》，2005 年第 5 期。

［59］［美］莱斯利·斯特弗：《教育中的建构主义》，高文等译，华东师范大学出版社 2002 年版。

［60］李三虎，赵万里：《社会建构论与技术哲学》，《自然辩证法研究》2000 年第 9 期。

［61］罗婷：《克里斯特瓦的符号学理论探析》，《当代外国文学》，2002 年第 2 期。

［62］［美］鲁帝·沃尔梯《社会学与技术研究》，《自然辩证法研究》1992（增刊）。

［63］拉图尔，伍尔伽：《实验室生活—科学事实的建构过程》，张柏霖，刁小英译，东方出版社 2004 年版。

［64］李侠：《断裂与整合：有关科学主义的多维度考察与研究》，山西科学技术出版社 2006 年版。

［65］李晓峰，吴永忠：《论 STS 的两种研究传统》，《哈尔滨学院学报》2008 第 3 期。

［66］罗英豪：《科学知识社会学的代际演进探析》，《新疆财

经学院学报》，2006 年第 3 期。

[67] 卢艳君：《默顿科学社会学：当前困境与未来趋向》，《科学学研究》，2011 年第 2 期。

[68] 刘亦雄：《阴阳太极思想与 STS 理论范式的建构》，硕士学位论文，西安建筑科技大学，2006 年。

[69] 李正风等：《科学技术学学科建设发言撮要》，《山东科技大学学报（社会科学版）》2003 年第 3 期。

[70] 李真真：《STS 的兴起及研究进展》，《科学与社会》2011 年第 1 期。

[71] [德] 马尔库塞：《单向度的人》，张峰等译，重庆出版社 1993 年版。

[72] [德] 马克思，恩格斯：《马克思恩格斯选集第 1 卷》，人民出版社 1995 年版。

[73] 马会端：《PSTS 科学技术研究的理论进化》，《东北大学学报（社会科学版）》，2006 年第 7 期。

[74] [英] 迈克尔·马尔凯：《科学与知识社会学》，林聚任译，东方出版社 2001 年版。

[75] [英] 迈克尔·马尔凯：《科学社会学理论与方法》，林聚任译，商务印书馆 2006 年版。

[76] 孟庆伟：《科学技术学：能够做什么？应该做什么?》，载李正风《走向科学技术学》，人民出版社 2006 年版。

[77] 莫少群：《SSK 科学争论研究述评》，《自然辩证法研究》2001 年第 11 期。

[78] 庞丹：《杜威技术哲学思想研究》，东北大学出版社 2006 年版。

[79] 庞丹、李鸥：《杜威的实用主义技术哲学研究纲领》，《东北大学学报（社会科学版）》，2006 年第 9 期。

[80] [美] 乔治·米德：《现在的哲学》，李猛译，上海人民出版社 2003 年版。

［81］［美］乔治·米德:《心灵、自我与社会》,赵月瑟译,上海译文出版社 2004 年版。

［82］任丰田:《斯宾塞社会进化论思想述评》,《重庆科技学院学报（社会科学版)》,2010 年第 9 期。

［83］［美］R. K. 默顿:《十七世纪英国的科学、技术与社会》,范岱年等译,四川人民出版社 1986 年版。

［84］任玉凤,刘敏:《社会建构论从科学研究到技术研究的延伸》,《内蒙古大学学报（人文社会科学版)》,2003 年第 4 期。

［85］盛国荣:　《走向一种中国本土化的技术哲学整体论?——读 < 重申传统 > 一书》,《探求》,2010 年第 5 期。

［86］沈律:《关于科学技术学建设的几个问题》,载李正风《走向科学技术学》,人民出版社 2006 年版。

［87］［美］史蒂芬·卡特克利夫:《STS 教育:20 年来我们学到了什么?》,《自然辩证法研究》,1992（增刊)。

［88］［美］史蒂芬·科尔:《科学的制造——在自然界与社会之间》,林建成等译,上海人民出版社 2001 年版。

［89］孙思:《科学知识社会学的强纲领评介》,《哲学动态》1997 年第 11 期。

［90］盛晓明:《巴黎学派与实验室研究》,《自然辩证法通讯》2005 年第 3 期。

［91］涂纪亮:《实用主义、逻辑实证主义及其他》,武汉大学出版社 2009 年版。

［92］［美］托马斯·库恩:《是发现的逻辑还是研究的心理学?》,载拉卡托斯,马斯格雷夫《批判与知识的增长》,华夏出版社 1987 年版。

［93］［美］托马斯·库恩:《科学革命的结构》,金吾伦,胡新和译,北京大学出版社 2003 年版。

［94］［美］托马斯·库恩:《必要的张力——科学的传统和变革论文选》,范岱年,纪树立等译,北京大学出版社 2004 年版。

［95］谭萍：《科学知识社会学：缘起、发展及启示》，《中州学刊》，2006 年第 2 期。

［96］吴国林：《主体间性与客观性》，《科学技术与辩证法》，2001 年第 6 期。

［97］吴国盛：《北京大学科学的社会研究论坛》［EB/OL］.（2008 – 12 – 05）［2012 – 2 – 3］.

［98］王华平，许为民：《STS：从 SSK 到 SEE》，《自然辩证法研究》2007 年第 3 期。

［99］［美］威廉·詹姆斯：《实用主义》，陈羽纶、张瑞禾译，商务印书馆 1979 年版。

［100］万俊人：《现代西方伦理学史（下卷）》，北京大学出版社 1992 年版。

［101］王建设：《技术决定论与社会建构论关系解析》，博士学位论文，东北大学，2008 年。

［102］［英］W. 牛顿 – 史密斯：《相对主义与解释的可能性》，《哲学译丛》2000 年第 2 期。

［103］吴彤：《试论 S&TS 研究的哲学基础与研究策略—从科学实践哲学的视野看》，全国科学技术学暨科学学理论与学科建设 2008 年联合年会清华大学论文集，北京，2008 年。

［104］王晓升：《走出语言的迷宫》，社会科学文献出版社 1999 年版。

［105］汪漪：《社会建构主义科学观研究》，硕士学位论文，大连理工大学，2006 年。

［106］王彦雨：《科学世界的话语建构—马尔凯话语分析研究纲领探析》，博士学位论文，山东大学，2009 年。

［107］吴永忠：《国际 STS 研究范式的演化》，《自然辩证法研究》2009 年第 12 期。

［108］邢冬梅：《作为生成的建构与作为构造的建构——对科学的常人方法论研究》，《哲学分析》，2010 年第 3，第 141 期。

［109］肖峰：《技术的社会形成论（SST）及其与科学知识社会学（SSK）的关系》，《自然辩证法通讯》，2001 年第 5 期。

［109］肖峰等：《现代科技与社会》，经济管理出版社 2003 年版。

［110］徐飞：《科学技术学：一个值得关注的新领域》，载李正风《走向科学技术学》，人民出版社 2006 年版。

［111］邢怀滨：《社会建构论的技术观》，东北大学出版社 2005 年版。

［112］希拉? 贾萨诺夫等：《科学技术论手册》，盛晓明等译，北京理工大学出版社 2004 年版。

［113］许良：《技术哲学》，复旦大学出版社 2004 年版。

［114］夏世杰：《科学知识社会学思想之源初探》，《东南大学学报（哲学社会科学版）》2006 年第 6 期。

［115］许为民：《走近科学技术学》，科学出版社 2008 年版。

［116］夏禹龙，刘吉，冯之浚：《科学学的基础》，科学出版社 1983 年版。

［17］［美］约翰·杜威：《自由主义与社会行动》，华东师范大学出版社 1981 年版。

［18］［美］约翰·杜威：《确定性的寻求》，傅统先译，上海人民出版 2004 年版。

［19］［美］约翰·杜威：《人的问题》，傅统先译，上海世纪出版集团 2006 年版。

［20］殷登祥：《试论 STS 的对象、内容和意义》，《哲学研究》1994 年第 11 期。

［21］殷登祥：《关于 STS 的起源、争论和前景》，《北京化工大学学报（社会科学版）》，2000 年第 1 期。

［22］殷登祥，威廉姆斯：《技术的社会形成》，沈小白译，首都师范大学出版社 2004 年版。

［23］殷登祥：《科学、技术与社会概论》，广东教育出版社

2007 年版。

［24］远德玉，陈昌曙：《论技术》，辽宁科学技术出版社
1986 年版。

［25］于洪波：《基于范式的 STS 学科演进逻辑分析》，博士学
位论文，东北大学，2009 年。

［26］［美］约瑟夫·劳斯．知识与权利：《走向科学的政治哲
学》，盛晓明等译，北京大学出版社 2004 年版。

［27］阎莉：《实验室研究——SSK 自然主义纲领的实现途
径》，《山西大学学报（哲学社会科学版)》，2010 年第 5 期。

［28］佚名：《新世纪的时代特征和 STS 研究》，《哲学动态》
2001 年第 10 期。

［29］杨庆峰：《技术作为目的—超越工兵主义的技术观念》，
博士学位论文，复旦大学，2003 年。

［30］杨善民：《传播在社会整合中的作用探析》，《文史哲》，
1998 年第 1 期。

［31］杨志刚：《技术系统和创新系统：观点及其比较》，《软
科学》，2003 年第 17 期。

［32］袁泽民、莫瑞丽：《"社会整合"的类型及建构——对涂
尔干的"社会整合"思想的解读》，《理论界》，2008 年第 5 期。

［133］《自然辩证法百科全书》，中国大百科全书出版社 1995
年版。

［134］［日］佐藤公治．《在对话中学习与成长》，东京：金
子书房 1999 年版。

［135］张纯成：《科学技术学——从历史走向现实》，载李正
风《走向科学技术学》，人民出版社 2006 年版。

［136］朱春艳，陈凡：《社会建构论对技术哲学研究范式的影
响》，《自然辩证法研究》，2006 年第 12 期。

［137］中岛秀人：《新科学技术论动向——STS 新领域的兴
起》，日本物理学会论文，1991 年第 5 期。

［138］周丽昀：《科学实在论与社会建构论比较研究—兼议从表象科学观到实践科学观》，博士学位论文，复旦大学，2007 年。

［139］郑文范，于洪波：《论 STS 研究的逻辑进路和学科进路》，《自然辩证法研究》2010 年第 11 期。

［140］钟启泉：《知识建构与教学创新——社会建构主义知识论及其启示》，《全球教育展望》，2006 年第 8 期。

［141］赵万里：《科学的社会建构》，天津人民出版社 2002 年版。

［142］张晓东：《实践理性向工具理性的蜕变—杜威工具主义伦理观探析》，《学术研究》，2009 年第 9 期。

［143］赵学漱等：《STS 教育的理论和实践》，浙江教育出版社 1993 年版。

［144］郑雨：《技术系统的结构——休斯的技术系统观评析》，《科学技术与辩证法》，2008 年第 2 期。

［145］张翼：《社会整合与文化整合—社会学者的"整合"观》，《兰州商学院学报》，1994 年第 1 期。

［146］张志林、程志敏：《多维视界中的维特根斯坦》，华东师范出版社 2005 年版。